吃一场有趣的宋朝宴席

李开周 著

中国法制出版社
CHINA LEGAL PUBLISHING HOUSE

开场白
吃货应该去宋朝

身为资深吃货，我一向这样奉劝其他吃货：如果你能穿越回去，最好穿越到宋朝，因为穿越到其他朝代，你会吃不惯，甚至吃不消。

比如说汉朝，先不说烹饪手法多么单一，单是就餐时没有椅子这一点就够你受的——汉朝人席地而坐，而且是跪坐，吃一顿饭得跪半小时。

再比如说魏晋南北朝，一群人聚餐，实行分餐制，每个人面前摆一张小餐桌，谁也不跟谁抢，似乎比较卫生。可是喝酒的时候，他们却要共用一个大酒盅或者大马勺，你一口，我一口。所谓的“曲水流觞”“推杯换盏”，其实就是分享彼此的唾液，谁愿意这样？

唐朝好一些，餐桌慢慢高起来了，椅子渐渐多起来，可以像现代人一样舒舒服服坐着吃饭，酒杯也不再共享了。可惜胡风太盛，酒席上流行唱歌跳舞，主人跳着骑马舞，唱着祝酒歌朝你扑过来，你总不能傻站着吧？总得跳个舞或唱首歌回敬主人吧？但你不懂唐朝歌舞，难道来个周杰伦的《双截棍》？不被客人们笑话才怪！

至于元明清三代，对吃货来说也都有不如意的地方：元朝的高级宴席总是离不开酸涩的马奶酒；明朝的高级宴席是“无酒不成席”，酒量小的人就麻烦了；

至于清朝满族人的婚庆大典，酒席上缺不了肥猪肉，别说吃，光看一眼就能让纤体成风的现代人血压上升。

所以说，要想吃得舒服，吃得健康，以上朝代你都别去，要去就去宋朝，那才是吃货的好时代。

众所周知，杯盘碗筷这些餐具是到了宋朝才开始齐备的，煎炒烹炸这些做法是到了宋朝才开始完善的，萝卜白菜这些蔬菜是到了宋朝才开始普及的，川菜这一菜系是到了宋朝才开始脱颖而出的，现在素菜馆子里各式各样的仿荤食品是到了宋朝才开始遍地开花的。你不去宋朝吃喝，还想去哪个朝代?

当然，宋朝饮食也有跟今天不一样的地方，比如说，当时很多地方是一日两餐，而不是一日三餐；现在昂贵的牛肉在宋朝是穷人的最爱，连猪肉都比牛肉有面子；宋朝的高档宴席是酒水和菜肴严格搭配，每喝一杯酒就至少要换一道菜，更像法式西餐而非现代中餐……

正因为有这么多不同，所以广大吃货在出发之前最好能养成一个好习惯：从今天开始，经常阅读这本书。不然你到了目的地以后，不懂礼节，闹出笑话，到时候可别怪我没提醒你哟！

目录

第三章 去宋朝吃面食 047

第四章 肉食与海鲜 067

第七章 饮料加美酒 141

第八章 宋朝酒令入门 161

第九章 大内饮食探秘 175

第一章

穿越须知

每天只吃两顿饭

从吃饭的角度看，宋朝是个承前启后的朝代。

宋朝以前，多数人一日两餐；宋朝以后，多数人一日三餐。换句话说，从一日两餐变成一日三餐是从宋朝开始过渡的。

不过，这个过渡期很长。且不说绝大多数宋朝农民和穷苦市民仍然固守着一日两餐的传统不变，就是到了清朝和民国，还有一些人不吃午饭，只吃早饭和晚饭。

嘉庆年间，北京有首《竹枝词》形容下层旗人，其中有两句是这样写的：“两餐打发全无事，哪管午中饥与渴。”意思是有些旗人没职事，只靠那点儿钱粮过日子，钱不够花，只能吃早晚两餐，中午再饿也不敢起火做饭。

民国时期，“基督将军”冯玉祥割据河南，有天闲着没事儿，“到前屯走走，问农民每天用几顿饭，他说两顿饭，是一顿稀饭，一顿干饭，均是小米”（《冯玉祥日记》，1933 年 1 月 15 日记事）。

抗战时期，军阀阎锡山在山西推行新政，整饬吏治，要求各级官员跟农民保持同一生活水准，“饮食定量分配，一日两餐”（刘克、沙沱主编：《艰苦奋斗的山西》，学习社 1945 年版）。

抗战胜利后，成都市民分成两派，一派一日三餐；另一派固守传统，“上午八点前后一餐，下午三点前后一餐，天明即起，二更就睡，不吃午点，也不吃宵夜”（李劼人著：《李劼人选集》第三卷，四川人民出版社 1981 年版）。

以前欧洲人也是一日两餐。早在辉煌的希腊时代，市民习惯于不吃早餐，只吃午餐和晚餐，很像晚睡晚起的现代白领。还有英国的维多利亚时代，工人阶级习惯于不吃午餐，只吃早餐和晚餐，很像省吃俭用的宋朝平民。

正因为宋朝平民很少吃午餐，所以宋朝的饮食行业自然而然分成三派：

一派是摊贩，只卖早点。

一派是食店，只卖晚餐。

一派是酒楼，既卖早点，又卖晚饭，还顺带批发黄酒。

午饭有没有人经营？有，但午饭在宋朝属于“点心”，点心不算正式餐饮。

北宋某些大酒楼，营业时间比较长，卖早点能一直卖到中午，“至午未间，家家无酒，拽下望子”（［宋］孟元老著：《东京梦华录》卷八，上海古典文学出版社 1956 年版）。一旦过了中午，对不起，恕不营业，想吃饭，晚上再来。

所以你如果想去宋朝吃饭，抵达时间最好是在早上或者晚上，可千万别赶到中午才去。

本朝不流行午餐

我们现代人常说“天下没有免费的午餐”，这句话如果放到北宋，得改成“天下没有午餐”。我的意思是，北宋并不流行吃午餐，所以不仅没有免费的午餐，连收费的午餐都很少见。

绝大多数北宋老百姓每天只吃两顿饭：一顿早餐和一顿晚餐。早餐吃得不算早，上午八九点才开饭；晚餐吃得也不算晚，下午四五点就吃完。至于中午，一般人家是不做饭的。

一天只吃两顿饭，难道就不饿吗？应该不饿。

首先，这是个习惯问题，从春秋战国到隋唐五代，一天两餐这种艰苦朴素的传统已经在中华大地上维持了一两千年，大家早就习惯了。

其次，实验表明，一天吃两顿饭跟一天吃三顿饭相比，前者并不见得少吃。我们一日三餐，每顿的饭量很小；宋朝人民一日两餐，每顿的饭量却很大（后面还会专门谈到宋朝人的饭量），总的食物摄入量相差不多。

还需要说明的是，并非所有的宋朝人都是一日两餐，也有一些人跟我们一样每天吃三顿饭，甚至吃四顿饭。

哪些宋朝人一日三餐甚至一日四餐呢？主要是那一小部分贵族。

比如说苏东坡，他在四川老家当平头百姓的时候，每天吃两顿饭；后来中了进士，当了官，就改成一天吃三顿饭了；再后来他被流放到湖北黄冈，工资停发，坐吃山空，想节俭一些，就把午饭省掉（这样可以省些油盐酱醋和干柴），可是一到中午就忍不得饿，还得加一顿才行。

还有陆游，他一日三餐的习惯是在杭州做官时养成的；晚年退休，回绍兴老家隐居，继续一日三餐。鉴于他每天起得太早，不到饭点就饿，所以又在凌晨加了一顿：起床后开始熬粥，熬好后喝一碗，看看书，睡个回笼觉，等到九点左右醒来，接着吃早餐。陆游认为这样很舒服，是“天下第一乐也”。

贵族当中也有坚持一天只吃两顿饭的。

如那些在基层任职的小官，工资太低（宋朝的高薪养廉仅限于中级以上官员，低级文官的俸禄“不足以代耕”，连中等农户都比不上），生活水准跟老百姓差不多，也是每日两餐。

还有极个别提倡传统的皇帝，也是一天只吃两顿饭。例如，宋高宗刚登基那会儿，坚持只吃早餐和晚餐，中午饿了，练练书法，忍一忍就过去啦！

本朝不流行减肥

苏东坡有个好朋友叫张商英，当过宰相，晚年很注意养生：早上吃半升米、二两面，晚上吃半升米、三两面，中午什么都不吃，只喝茶。

宋朝时半升米差不多有半斤重。早起半斤米加二两面，晚上半斤米加三两面，虽然不吃午饭，张商英还是吃了一斤半细粮。我帮他算了算热量，有点超标。再考虑到他不是体力劳动者，年纪又大，摄入的热量就更加超标了。

宋朝人其实并不怎么懂养生，至少在饮食上不算懂。现在讲究“早上吃饱、中午吃好、晚上吃少”，尽量避免摄入高热量食物；宋朝人则习惯于“早上少吃、中午不吃、晚上多吃”，有条件吃肉的时候就多吃，尤其喜欢吃肥肉。

大家都知道司马光吧？他经常劝他哥哥司马旦多吃肉，特别是晚上那顿。要是司马旦晚上没有吃肉，司马光一定会关切地问：“得无饥乎？”吃这么少，半夜挨饿怎么办？那时候司马旦已经八十岁，多吃肉并不利于健康。但是司马光不懂，他认为让哥哥多吃肉才符合孝悌的标准。

宋朝人也不注意锻炼。南宋大诗人陆游晚年在绍兴闲居，早上起来先喝一大碗粥，喝完粥不去晨练，而是睡一个回笼觉。他认为“粥后就枕，则粥在腹中，暖而宜睡，天下第一乐也”，却不知这样不利于消化。唐朝道士吕洞宾的生活习惯可能也跟陆游差不多，因为他写过两句诗：“归来饱饭黄昏后，不脱蓑衣卧月明。”晚上吃过饭就上床，却不懂得“饭后百步走，能活九十九”。最让我百思不得其解的是，这些不懂养生也不锻炼的人却很长寿。吕洞宾活多大年纪我不知道，陆游可是活到了八十五岁。不过我猜想陆游的体型肯定谈不上健美，且不论胖瘦，大肚腩应该少不了。

男人长肚子，颇为现代女生所不喜，但宋朝人的审美跟今天不一样。我看过不少宋朝人物画，诸如《中兴四将图》《田畯醉归图》《西园雅集图》……画中男子大多长着大肚腩，比如《中兴四将图》里的岳飞，大肚腩就很明显。

《宋史·夏国上》记载，宋太祖攻打北汉，西夏首领李彝兴出兵帮忙，并派遣使者送来三百匹骏马。宋太祖很高兴，想回赠一条玉带，向西夏使臣打听：“汝帅腹围几何？”你们元帅腰围多少？使臣说：“彝兴腰腹甚大。”我家元帅李彝兴身材魁梧，腰很粗，肚子很大。太祖赞叹道：“汝帅真福人也！”你们元帅真是有福之人啊！

由此可见，宋朝是胖子“称王”的时代，大肚腩是有福气的特征。

［宋］刘履中《田畯醉归图》，现藏故宫博物院，图中人物无论老少，均有明显的大肚腩。

［宋］刘松年《中兴四将图》，现藏中国国家博物馆，从图中可知当时男性不流行减肥，以大肚腩为美。

在宋朝吃早点

相当一部分宋朝人过着“朝九晚五”的生活。

我说的“朝九晚五”，不是上午九点上班，下午五点下班，而是上午九点吃早饭，下午五点吃晚饭。

当然，古人计时不说“九点”和“五点”，而是说“朝时”和“晡时”。相应地，古人把早饭和晚饭叫作“朝食”和“晡食”。过去大将军领兵打仗，喜欢撂一句狠话：“灭此朝食！”等我们消灭了敌人再吃早饭！

上午九点吃早饭是春秋战国就有的传统，即使到了宋朝，绝大多数农民以及一部分顽固守旧的士绅仍然坚守着这一传统，但是不按饭点进餐的人多了起来。

最典型的例子是在京城上班的高级官员。除了假期，京城的高官们每天必须赶在五更去上朝，然后要等到辰时才能散朝回家。五更是凌晨三点到五点，辰时是上午七点到九点，从凌晨熬到上午，比上半天班还累，如果再坚持到上午九点才吃早饭，血糖低的官员大概要晕倒在朝堂上了。所以京朝官一般都是在凌晨吃早点，而且是在上朝的路上吃。

在北宋的首都开封，御街南段的饭店和早点摊开业最早，摊主们凌晨两点备货，三点开张，两百步宽的御街两旁灯火通明，油条锅里咕嘟咕嘟冒着泡，烧饼案上噼啪作响，主要就是做上朝官员的生意。有些官员起得晚了，怕耽误上朝，买好早点翻身上马，一手抓着烧饼油条往嘴里送，一手抓着缰绳往前赶路，此乃汴梁一景。

赶早市做生意的商贩也必须在天明以前吃早点。宋朝的早市跟早朝一样，也是五更开始，进场卖菜卖鱼卖粮油的商人去得晚了，摊位可能会被别人占走，所以要早吃饭早占位。宋朝商业繁荣，早市经常持续到中午才结束，开市前要是不垫垫肚子，估计顶不住。

最后必须说明，也有一部分宋朝人很晚才吃早点。如那些市井妇女，没有公婆管束，太阳晒屁股才起床，慢慢地梳头洗脸穿衣打扮，拾掇完了，肚子饿了，想吃早点，懒得上街，找根绳子，拴一笆斗，在笆斗里搁几文铜钱，什么时候听见挑着担子卖早点的小贩吆喝着从楼下经过，就打开窗户，把笆斗顺下去，让小贩往笆斗里装胡饼……

不妨想象一下，如果“美团外卖”“饿了么”等外卖平台穿越到宋朝，生意一定很火。

宋朝的餐前小吃

为了拍一部片子，我去了一趟西班牙，然后又去了一趟墨西哥。从我这个吃货的眼光来看，这两个国家有一个共性：开饭都很晚，特别是午饭和晚饭。在墨西哥，不到下午两点别想吃午饭，除非你去肯德基、麦当劳那种地方用餐。

而在西班牙，午餐一般在下午三点以后才开始，晚餐则要等到晚上八九点钟。

墨西哥人也好，西班牙人也好，午饭和晚饭吃那么晚，他们怎么样才能哄住肚皮不闹意见呢？墨西哥人有一个绝招——使劲吃早餐（墨西哥人的早餐大概是世界上最丰富的早餐）。西班牙人也有绝招，早餐并不加量，但是在午餐和晚餐开始之前，会用各种各样的 Tapas 来填补。

Tapas 的字面意思是餐前小吃，但实际上这些餐前小吃并不“小”，它们可以是一小块奶油蛋糕，也可以是一大块野猪排骨，还可以是一盘填充了青椒的烤野鸡、一碗洒上了酸橙汁的炖鹧鸪，外加一锅用鸡块、米饭、辣椒和海鲜炖煮的海鲜饭。总之，只要是在正餐之前吃的东西，都可以称作 Tapas。这种情形使我产生一种错觉，以为自己不是在异国，而是一不小心穿越到了宋朝。

宋朝也有 Tapas，即餐前小吃。当然，宋朝没有“Tapas”这个词，当时管所有餐前小吃都叫“点心”。从语言学上讲，点心最初并不像现在一样只是一个普普通通的名词，它是一个动宾词组，“点”是抚慰，“心”指胃嘴，点心的本义是用各种餐前小吃来抚慰一下肠胃。

在北宋一朝，以及在南宋的某些偏僻区域，人们习惯于一日两餐，早上吃一顿，晚上吃一顿，中午没有午餐。但没有午餐并不代表中午什么都不吃，在早餐到晚餐之间，有条件的家庭随时可以用点心来填补肠胃。而这些点心可以说包罗万象，贫寒或节俭之家可能用“白汤泡冷饭”当点心（宋话本《宋四公大闹禁魂张》），富贵之家可能用“下饭七件、菜蔬五件、茶果十盒、小碟五件”当点心（《宋会要辑稿》方域四之七），像武松那样的超级大胃王吃得少了不顶饿，就只好吩咐孙二娘“把二三十个馒头来做点心”了。

武大郎不卖烧饼

想起十几年前我在河南郑州念大学的时候，学校北门有一个小吃店，连锁加盟，专营“武大郎烧饼”。说是烧饼，其实比街面上常见的烧饼要小得多，上面也没有芝麻，就是比较厚、比较酥，趁热吃，香得很。

好多年没有去郑州了，不知道那家店还在不在。如果在的话，我一定还会去那里买一个“武大郎烧饼”大快朵颐，吃完以后再跟店老板聊聊天，劝他摘下“武大郎烧饼”那块招牌。

有人可能要说了：“你凭什么劝人家摘招牌？”原因很简单：“武大郎烧饼”这块招牌有问题。武大郎根本就不卖烧饼，他在《水浒传》里卖的是炊饼。

炊饼和烧饼有区别吗？当然有。炊饼是蒸熟的，烧饼是烤熟的。炊饼是单层的，烧饼是多层的。最明显的区别是它们的长相，炊饼上面圆圆鼓鼓，下面平平展展，长相丰满，而烧饼就是扁扁的一张大圆盘。

如果说到这儿你还不理解，那我就直截了当地说一句：烧饼是烧饼，而炊饼却是馒头。

炊饼怎么会是馒头呢？它名字叫作“饼”，难道不应该是扁扁的大圆盘？事实上，它还真不是大圆盘。在宋朝市面上，叫“饼”的食品至少有几十种，除了“胡饼”，长相扁扁的并不多见。比如“索饼”指的是面条，“环饼”指的是麻花，“糖饼”指的是方糕，“乳饼”指的是奶豆腐，这些饼跟我们现代人心目中那些扁扁的食品都没有关系。

宋朝人心目中的饼，既可以扁，也可以圆；既可以是圆柱体，也可以是正方体，总之没有固定的形状，反正只要是用面粉或者类似面粉做成的主食，都可以叫“饼”。像武大郎卖的炊饼，无论在北宋，还是在南宋；无论在元朝，还是在明朝，一直指的是馒头，跟烧饼扯不上什么关系。

馒头在北宋前期本来叫“蒸饼”，意思是蒸熟的馒头。后来宋仁宗即位，他名叫赵祯，“祯”跟“蒸”发音很像，为了避讳，“蒸饼”就改成“炊饼”了（参见吴处厚《青箱杂记》）。

就算我们不凭考证，单靠常理推想，也能判断出武大郎卖的不可能是烧饼。

看过《水浒传》的朋友都知道，武大郎每天起个大早，把做好的炊饼挑出去卖，总是卖到傍晚才回家（后来听了武松的话，半天卖完，未晚便归，结果被潘金莲大骂）。我们知道，烧饼最讲究趁热吃，一凉就“皮”了，所以卖烧饼的都是站在路口边烤边卖，要是像武大郎那样提前做好，再放进担子里捂半天，估计没有人会去买。

那些在宋朝吃不到的蔬菜

南宋有两部地方志很出名，一部叫《咸淳临安志》，写的是杭州；一部叫《淳熙三山志》，写的是福州。如果你看过这两部地方志，就会知道宋朝人拥有的食材非常丰富，凡是今天有的，那时候差不多都有。

萝卜、白菜、茄子、黄瓜、芹菜、韭菜、芥菜、菠菜、生菜、芫荽、瓠子、紫菜、扁豆、蚕豆、大葱、小葱、大蒜、小蒜……这些蔬菜在宋朝的菜市场中都能买到。

橘子、香蕉、葡萄、荔枝、栗子、橄榄、橙子、杨梅、枇杷、柿子、杏、枣、梨、桃……这些水果在宋朝的果子铺里也都能买到。

猪肉、羊肉、牛肉、鸡肉、鸭肉、鹅肉、兔肉、鹿肉、鹌鹑肉，还有各种各样的鱼虾等海鲜，都是宋朝人的口中食。当然，羊肉在宋朝比较短缺，价格稍贵，而现在的羊肉并不短缺却也很贵。

总而言之，宋朝时期的食物种类很多，跟今天十分接近。

但是也有一些东西在宋朝是见不到的，例如，宋朝没有花生，没有土豆，没有玉米，没有红薯，没有西红柿，没有胡萝卜，甚至没有辣椒。

金庸先生写《射雕英雄传》，开篇第一回，南宋末年，杭州郊外，两个农民请一位说书先生去一家乡村酒店喝酒，店小二“摆出一碟蚕豆、一碟咸花生、一碟豆腐干，另有三个切开的咸蛋”，四个下酒菜，至少有一个是跟历史背景相违背的。蚕豆、豆腐干、咸鸭蛋，这些在宋朝都很常见，但是宋朝人不可能用花生做下酒菜，因为花生是外来物种，直到明朝才从美洲传入中国。

现在开封有一种很有名的小吃叫“花生糕”，是用花生、白糖和糖稀加工的点心，个别商家为了吸引顾客，往包装盒上印了几个字：“大宋宫廷御膳”。这肯定违背历史，因为宋朝没有花生，怎么可能做花生糕？不可否认，宋朝海外贸易发达，特别是南宋，跟几十个国家有贸易往来，但是那些海船的航行路线只限于亚洲、欧洲和非洲，出产花生的美洲还没被哥伦布发现，不可能把花生进口到中国来。

同样的道理，宋朝人也见不到土豆、玉米、辣椒、西红柿和红薯，因为这些也是外来物种，也是直到明朝才从美洲传入中国。所以，当我们去宋朝餐馆点菜的时候，就不要点土豆炒肉、松仁玉米、辣子鸡丁、清蒸红薯泥和西红柿炒鸡蛋了，店老板怎么也弄不来这些菜，除非从海外运输。可你知道，宋朝没有飞机，只有海船。海船只能运输瓷器，不能运输蔬菜，因为蔬菜还没运到地方就腐烂了。

现在四川人和湖南人都爱吃辣椒，开遍全国的川菜馆子更离不开辣椒，很难想象要是没有辣椒，四川人民和湖南人民怎么活，那些生意红火的川菜馆子怎么活？可是宋朝确实没有辣椒，宋朝川湘两地的老百姓依然活得很好，而且宋朝居然已经有了川菜这个菜系（时称“川饭”）。因为宋朝有胡椒，宋朝人民用胡椒代替了辣椒。胡椒也是外来物种，它引进的时间比较早，是从西汉时期就传入中国的。

宋朝也没有南瓜和洋葱，这两样东西也是外来物种，什么时候被引进的呢？暂时没有明确的考证。有人说是元朝时期传过来的，有人说是到清朝末年才走进国门的。不管怎么说，反正宋朝没有。

现在小女生喜欢嗑瓜子，主要是葵花子，也就是向日葵的种子。宋朝女生可没这个福气，因为向日葵也是美洲植物，大概到明朝后期才开始在中国种植。宋朝人平时也嗑瓜子，嗑的主要是甜瓜子，南宋中后期还可以磕上西瓜子，如果想磕葵花子，对不起，这个要求太高。

豆角在宋朝能不能见到？能，但只有豌豆角和豇豆角，没有今天最常见的那种又圆又长的菜豆角，也没有芸豆角，就是我们现在常吃的四季豆。四季豆明朝时才引入中国，菜豆角则要等到清朝末年才进入寻常百姓家。

那些在宋朝吃不到的水果

可以肯定的是，宋朝没有木瓜和榴梿。

《诗经・卫风・木瓜》写道："投我以木瓜，报之以琼琚。"姑娘从树上摘下一只木瓜，往小伙怀里扔去；小伙从腰间解下一块美玉，放到姑娘的手里。这是周朝人民创作的情诗，说明周朝已有木瓜，宋朝当然也有，怎么能说宋朝没有木瓜呢？

原因很简单，《诗经》里的木瓜是我国土生土长的蔷薇科木瓜，有短柄，像菜葫芦，星星点点悬挂在枝叶间，果皮硬，果肉酸，切开果肉，种子散布在五角形的空间内，仿佛切开的苹果。而我们现在吃的木瓜是番木瓜，体形偏长，像椰子一样聚集在树干上，硕果累累，芳香甜美。番木瓜是十七世纪从墨西哥引进的，所以宋朝的木瓜只能是土生土长的蔷薇科木瓜。

蔷薇科木瓜俗称"宣木瓜"，能在北方种植，味道酸涩，宋朝人一般不生吃。怎么吃呢？晒成木瓜干，熬成木瓜汤，或者加糖加蜜，做成木瓜蜜饯。

榴梿也是外来水果，郑和下西洋之前，中国古籍中从来没有榴梿的影子。郑和下西洋以后，他的两个随船翻译各自写了一本介绍东南亚风光的小册子，一本是《瀛涯胜览》，一本是《星槎胜览》，都提到了榴梿的形状、大小、味道和吃法。那时候，榴梿被写成"赌尔焉"（有的版本误写为"赌尔马"），是用汉语对马来语的音译。在马来语中，榴梿的发音确实很像"赌尔焉"。

榴梿的果皮臭不可闻，所以郑和的翻译马欢将榴梿描述为"一等臭果""若烂牛肉之臭”，但是“内有栗子大酥白肉十四五块，甚甜美可食”，“其中更皆有子，炒而食之，其味如栗”。榴梿的果肉又大又多又甜美，种子还能炒着吃，跟糖炒栗子一样美味。

查《明史》《清史稿》以及十三行贸易档案可知，从郑和下西洋到清朝末年，东南亚诸国的商船和朝贡队伍源源不断地将土产运抵中国，既有珍珠、玳瑁、象牙、珊瑚等珠宝，也有白檀、龙涎、胡椒、豆蔻等香料，还有鱼翅、燕窝、海参、鲍鱼等水产，甚至还有苹果脯、香蕉干、山竹干之类的干果，但是没有榴梿。推想起来，别说宋朝人，就连明清两朝的人也不可能吃到榴梿（除非走出国门）。

宋朝也没有苹果。长江以南有一种植物，结的果实跟苹果有点像，但它不是苹果，个头偏小，永远都长不红，熟了以后，果皮是白色的，果肉很软，甜度不高。这种水果能在南宋水果摊上见到，今天称之为“绵苹果”。绵苹果不算是真正的苹果，我们现代人吃的苹果都是清朝以后从美洲引进的。现在超市里出售的那些“红富士”“黄香蕉”“国光”“秦冠”，更是近几十年才有的品种，宋朝人民没尝过，也没见过。如果想讨宋朝东道主喜欢，建议你穿越的时候带一筐苹果过去。

宋朝人习惯把甜瓜和西瓜划到水果一类，当时甜瓜很流行，西瓜出现的时间稍微晚一点。在北宋统治区内，没有人种植西瓜。到了南宋初年，一个名叫洪皓的大臣去金国出差，带走一包西瓜子，回到家乡以后试种，西瓜才在宋朝疆域内生根发芽。

西瓜东下

明太祖朱元璋的儿子朱棣意图造反，把不愿意追随他的大小官吏叫到他的王府里开会，开完会请大家吃西瓜。正吃得高兴，朱棣突然把手里那块西瓜往地上一摔，啪的一声，血红的瓜瓤溅得满地都是，紧接着一群刀斧手冲了进去，把那帮官员嘁里咔嚓“切了西瓜”，然后他才竖起“靖难”旗帜，率兵南下，把建文帝撵下宝座，自己当了皇帝（参见祝枝山《野记》卷二）。

这段故事发生在明朝，明朝是有西瓜的，如果发生在唐朝，恐怕杀官造反的领袖就只能掷杯为号，而不能再用摔西瓜这种有创意的方式呼唤刀斧手了。为什么？因为唐朝没有西瓜。

唐朝前期，西瓜只能在西亚见到。唐朝后期，西瓜开始在契丹种植。到了北宋，女真人学会了种西瓜，但是宋朝人还没有学会。别说学，连西瓜长什么样子都没见过。北宋人民到了盛夏和金秋这两个季节也吃瓜，但吃的不是西瓜。

北宋灭亡以后，女真人占据中原，中原才开始种植西瓜。陆游的老上司兼老朋友范成大出使金国，途经河南开封，写了两句诗：“碧蔓凌霜卧软沙，年来处处食西瓜。”他写的是金国风景（当时开封属于金国），南宋境内是不会“年来处处食西瓜”的。

宋高宗在位的时候，使臣洪皓从金国带回一些西瓜子，并在南宋中叶进行大规模种植。所以金庸武侠名著《天龙八部》里的人物应该没有吃过西瓜，因为他们都生活在北宋中叶，要过一个世纪左右才能跟西瓜结缘。

倒是《射雕英雄传》里的郭靖和黄蓉有可能吃到西瓜，因为郭、黄二人生逢南宋中后期，西瓜无论在中原还是在江南都成了很常见的东西。金庸先生曾经写道黄蓉从牛家村的瓜农那里买了一担西瓜，瓜农夸口说：“我们牛家村的西瓜又甜又脆，姑娘你一尝就知道。”这段描写非常靠谱，假如让北乔峰和南慕容去买西瓜，那就违背历史了。

简而言之，西瓜是从西亚传到契丹，再从契丹传到金国，最后从金国传到中原和江南。我估摸着，西瓜的得名正是来源于此——从西方传来。

麻辣宋朝

宋朝没有辣椒，但是宋朝人却喜欢吃辣。

在这片土地上，能提供辣味的食材有很多，除了辣椒，还有葱、姜、蒜、藠头、胡椒、辣蓼、茱萸、芥末和芥菜疙瘩。宋朝人吃的辣，主要是得自生姜、胡椒、芥末和辣菜，辣菜就是芥菜疙瘩。

据《东京梦华录》记载，汴梁夜市上出售辣脚子，酒店门口还有小贩托着白瓷缸子卖辣菜，这辣脚子和辣菜其实都是用芥菜疙瘩做的。把芥菜的根茎洗净，去皮，切成条，封缸腌制半个月，起缸叫卖，是辣脚子。如果只腌制一夜，浇上醋和小磨油，就是辣菜。

《梦粱录》中说临安夜市上出售辣菜饼，这应该是一种带馅儿的面食，用芥根做馅儿。芥根很辣，所以叫辣菜饼。

南宋食谱《吴氏中馈录》里有一道芥辣瓜儿，做法是这样的：把芥子碾细，放到碗里，用温开水调匀，再用细纱过滤掉杂质，加醋调味，做成最简易的芥末酱，拿来腌渍黄瓜。这道菜在今天叫作芥末黄瓜，很辣也很爽口。

宋朝人把爽口的辣味分成两种，一种是芥辣，一种是姜辣。临安早市上常有摊贩叫卖姜辣羹，那是用鱼头鱼尾和大量的姜末熬制的鱼汤，姜辣和鱼鲜相得益彰。

现在湘菜和川菜里都少不了辣味，宋朝没有湘菜，但是已经有了川菜（北宋有三大菜系：南食、北食、川饭）。那时候的川菜也很辣，而且跟现在一样突出麻辣，因为里面放了很多胡椒和姜末。

北宋初年，宋太宗问大臣苏易简："食品称珍，何物为最？"苏易简说：把姜、蒜、韭菜切碎，捣成泥，兑上水，加胡椒，加盐，混合均匀，是无上的美味。这个苏易简是四川德阳人，也许四川人偏爱麻辣的饮食习惯就是从他那时候传下来的。

奇怪的是广东人也爱吃辣，北宋张师正《倦游杂录》中说粤人喜欢用姜末调制白蚁卵做下酒菜，味道辛辣。姜末我常吃，白蚁卵没吃过，不知道是什么味道，只能凭空想象，想象广东生猛饮食的源远流长。

宋朝人的饭量

《水浒传》第二十七回，武松发配孟州，途经十字坡，去孙二娘饭馆里打尖。孙二娘问道："客官，打多少酒？"武松说："不要问多少，只顾烫来，肉便切三五斤来，一发算钱还你。"孙二娘说："也有好大馒头。"武松道："也把二三十个来做点心！"于是孙二娘去里面取出一大桶酒、两大盘肉、一大笼馒头，让武松和押送他的两个公人吃。

宋朝人说的馒头，正是我们今天说的包子。武松和两个公人一顿饭能吃二三十个包子，而且是个头很大的包子（孙二娘说是"好大馒头"），还要喝一大桶酒，吃两大盘肉，真是能吃！

事实上不是他们仨能吃，而是武松自己能吃。《水浒传》里武松去饭馆吃饭，动辄要好几斤肉，凭现代人的饭量，谁吃得完？一斤肉吃下去就得让你起不良反应。

武松的饭量算不算大？当然算。不过在宋朝大肚汉里面，武二哥还排不上号，张齐贤才是个中翘楚。

张齐贤是北宋宰相，司马光《涑水记闻》和刘斧《青琐高议》里都提到他的饭量，说他最爱吃肥猪肉，一顿能吃十斤，有时饿得厉害，等不及猪肉煮熟，用手撕着生吃，就跟《鸿门宴》里那个樊哙一样。有人想知道他一顿到底要吃多少饭，于是拿一大木桶在旁边等着。等他就餐的时候，看他吃下去一个包子，就往桶里面扔一个包子；看他吃下去一斤猪肉，就往桶里面放一斤猪肉，结果怎么样？他还没吃完，桶就已经满了！封他一个"大饭桶"的称号想必再合适不过。

武松和张齐贤非同常人，他们能吃，不代表宋朝人都能吃，宋朝普通人的饭量其实跟我们现代人差不多。南宋的方回总结过当时人民群众的饮食情形："人家常食百合斗，一餐人五合可也，多止两餐，日午别有点心。"大多数人一天只吃早晚两顿饭，中午偶尔吃点东西充充饥，平均一顿正餐能吃五合大米。

"合"是容量单位，五合大米重约半斤，一顿饭吃半斤米，比现在南方男人的饭量稍大。考虑到宋朝人每天只吃两顿正餐，中午靠少量点心充饥，而我们一天吃三顿正餐，晚上有时还要加一顿夜宵，再加上经常吃肯德基炸鸡腿、麦当劳巨无霸之类的高热量食品，宋朝人的饭量应该跟我们现代人差不了多少。

浪花淘尽英雄，淘不尽"饭桶"

南宋有个大饭量的宰相，名叫赵雄，史料上说他"形体魁伟，进趋甚伟"（周密《癸辛杂识》前集《健啖》，下同），腰粗，个子大，威风凛凛，走起路来砸得地皮乱晃。宋孝宗很喜欢这个赵雄，听说赵爱卿特别能吃，就想试一下他到底有多能吃。有一天退了早朝，宋孝宗让赵雄留下来，在宫里吃顿便饭。孝宗先让御厨收拾了一些下酒菜，请赵雄喝酒，用最大的酒海，一海能装三升，赵雄一连喝了六七海，将近十公斤。

吃完了菜，喝完了酒，宋孝宗吩咐上主食，于是太监抬过来一百个炊饼，赵雄"遂食其半"，一口气消灭五十个。宋孝宗笑道："卿可尽之。"你要是还想吃，就把这些炊饼都吃完，不用跟我客气。赵雄还真不客气，"复尽其余"，把剩下那五十个炊饼也消灭了。

我们以前说过，宋朝的炊饼就是现在的馒头，现在谁能吃完一百个馒头？我相信绝大多数的人都没有这么大的饭量。实践检验真理，大家要是不服，可以亲自试试。当然，旺仔小馒头不算。

赵雄的饭量在宋朝算不算最大呢？不算，还有比他更能吃的人。

赵雄做地方官的时候，有个下属陪他吃过一顿饭，赵雄吃了很多猪肉和羊肉，那个下属跟他吃得一样多。吃完这些肉，赵雄已经饱得不想再吃了，问那个下属："你吃饱了吗？"那人说："差不多饱了。"差不多饱，意思是还没饱，赵雄说："你放开了吃！"于是那人又吃了五十张面饼，吃完站起来，拍拍肚皮说："小人天生患有饿病，不管吃多少都感到饿，今天终于吃饱了一回！"

这个人具体能吃多少，史料上没有记载，但刚才说了，开始他跟赵雄吃的一样多，后来赵雄已经饱了，他还感到饿，又追加了五十张面饼，说明他的饭量超过赵雄。

在漫长的历史长河中，浪花淘尽英雄，却淘不尽这些"饭桶"。清朝道光年间，有个总督叫孙尔准，去福建泉州视察工作，泉州知府请他吃饭，端上一百个馒头、一百个蒸饺以及一个一品锅——锅里有两只鸭子和两只鸡。孙总督把那些馒头、蒸饺、鸭子和鸡一点不剩全吃进肚子里去了，泉州知府惊为天人，孙总督摸着肚皮说："我阅兵两省，惟至泉州乃得一饱耳。"这么多东西才刚让他吃饱，真是"超级大饭桶"。

饭后怎样刷牙

现代人都有刷牙的习惯，早上起来，晚饭过后，一定要刷一刷牙，不然吃饭不香，睡觉也不香。宋朝人有没有这个习惯？从目前的史料来看，至少有些宋朝人是坚持每天刷牙的，比如寺庙里的和尚。

和尚为什么要刷牙？因为戒律上要求他们刷牙。唐朝时编写的戒律宝典《百丈清规》规定，僧人早上起来一定要洗脸，洗完脸一定要刷牙。怎么刷？"右手蘸齿药揩左边，左手蘸齿药揩右边。"所谓"齿药"，就是牙膏。要是不用牙膏刷牙怎么办？那就跟喝酒吃肉杀生说谎话一样，是会触犯戒律的。不过，唐朝并没有哪一部戒律或者法律明确规定俗家人也要刷牙，包括后来的宋朝、元朝、明朝和清朝，也没有强迫俗家人刷牙的规定。

为什么只强迫僧人刷牙？因为僧人是佛教徒，而佛教源于古印度。古印度人很早就有刷牙的习惯，以至于释迦牟尼创立佛教的时候，把这个习惯变成了戒律。后来佛教传入中国，释迦牟尼制定的戒律自然就变成了中土僧人的生活规范。

换句话说，最早的一批中国人之所以学会刷牙，正是受了佛教的影响。

古印度人刷牙的方式特别原始。他们没有牙刷，饭后为了清新口气，从树上折一根细枝，扯去花叶，剥去表皮，劈成两半，拿其中一半在牙齿上刮，刮完扔掉，之后把另一半树枝放进嘴里，轻轻嚼一会儿，再吐出来。

并不是所有的树枝都能拿来刷牙，有些树是有毒的，比如漆树；有些树被人们神化，比如菩提树。用漆树的枝条刷牙，容易中毒；用菩提树的枝条刷牙，等于亵渎了神佛。所以，佛陀在传教的时候做出规定：僧侣们不能用毒树和神树刷牙，最适合刷牙的树是柳树，因为柳树无毒，不亵渎神佛，口感又好，苦涩中带着一丝清甜。因此，佛陀管柳树叫作“齿木”，意思是最理想的刷牙材料。

佛教传入中国以后，僧侣最初也是用树枝来刷牙。到了唐朝，中国僧人发明了一种远远胜过树枝的刷牙用品：牙香。

牙香是用香料和药材制成的名贵牙膏。据宋人洪刍记载，唐朝有个大道场叫化度寺，化度寺的和尚采购了沉香、檀香、麝香和冰片，把这些香料和药材磨成粉末，再用熬好的蜂蜜拌匀，密封到瓷坛子里面。每天吃完斋饭以后，执事僧打开坛子，给大家各舀一点出来，放进嘴里含一会儿，咽下去，清新口气，还能败火。

加工牙香的成本太高，寺院必须特别有钱，才能保证每个和尚都能用上牙香。好在唐朝帝王大多崇佛（除了唐武宗），经常给寺院拨田地，拨房产，或者直接拨付大笔香火钱，使得大型寺院都有存款和佃户，是大地主兼大房东。而古印度的和尚就不一样了，他们不建寺院，不能经商，吃饭全靠化缘，个个穷得跟乞丐似的，所以他们加工不了牙香，只能继续用树枝来刷牙。

到了北宋初年，又有聪明的僧人发明了牙香筹。牙香筹是牙刷和牙膏的结合品，也是用香料和药材制成，在模具里压一下，压成牙刷的样子，用小袋子装起来，挂在腰带上。每天早上起来和斋饭过后，从袋子里掏出牙香筹，放进嘴里上上下下左左右右擦几遍，然后再漱口。膏状的牙香是一次性的，而一支牙香筹却可以刷很多次，每刷一次就用清水涮一涮，再用小袋子装起来，留着下回再刷。

大约到了北宋中叶，刷牙的习惯已经走出寺院，普及到全社会了。宋朝人已经发明出真正的牙刷，用竹木做柄，一头植上马尾，蘸上青盐和药材制成的牙粉，喝口清水，左刷刷，右刷刷，很有现代范儿。

宋朝人管牙刷不叫牙刷，而是倒过来念，叫“刷牙”，又叫“刷牙子”。南宋遗老吴自牧在其著作《梦粱录》里回忆道：“狮子巷口有凌家刷牙铺，金子巷口有傅官人刷牙铺……诸色杂货中有刷牙子。”说明南宋杭州已经有人专门开店卖牙刷了。

宋朝平民刷牙不像唐朝化度寺的和尚那样摆谱，他们用不起昂贵的牙香，所以用青盐和药材制成的牙粉很受欢迎。牙粉是干粉状物品，蘸到牙刷上容易掉，于是宋朝人又发明出一种廉价的牙膏：找一捆新折的柳树枝，剁碎了扔到锅里，添满水，使劲熬，熬到最后，水没了，只剩下一锅黏稠的胶状物，用姜汁混合一下，就成了牙膏（参见宋代药典《太平圣惠方》）。我觉得这个发明是在向佛陀致敬——前面说过，佛陀提倡用柳枝刷牙。

宋朝以后，中国人制作牙刷和牙膏的技术没有出现任何改进，而且有倒退的趋势：元朝新移民始终没有学会刷牙，而明朝人和清朝人也大多使用块状的青盐，擦过以后还把没用完的青盐放到窗台上，下回接着再擦，很不卫生。

到了清末民初，中国人差不多已经忘了老祖宗发明过的牙刷和牙膏，改从欧洲进口，并认为之前的古人压根儿就不会刷牙。20 世纪 30 年代，我党在边区抵制洋货，鼓励大家开厂自制牙膏，却没有人会这门技术，只能用土盐制造最简陋的牙粉（参见河南省档案室主编:《晋冀鲁豫抗日根据地财经史料选编（河南部分）》第一册，档案出版社 1985 年版）。

第一章

赴宴必读

潘金莲的座位

《水浒传》里有一段场景：武大郎和潘金莲两口子请武松吃饭，酒菜安排整齐，三个人围着一张餐桌坐下来，一边喝酒吃菜，一边聊家常。那天他们喝的什么酒，吃的什么菜，书里没有写，倒是着重交代了座次安排：潘金莲坐在主位，武松坐在客位，武大郎打横相陪。

这段描写绝非闲笔。大家知道，古代中国男尊女卑，武松既是客人，又是兄弟，坐在客位是应当的。主位理应让武大郎这个兄长兼男主人去坐，可是书里却让潘金莲坐了主位，让武大郎打横相陪。为什么会这样安排？当然是为了表明这个家庭的一家之主不是武大郎，而是潘金莲。

好吧，潘金莲是一家之主，她可以坐在主位。问题是，主位应该在餐桌的什么地方？是餐桌的北边、南边、东边还是西边？潘金莲究竟坐在哪边呢？我觉得这个问题不容易回答，具体得看餐桌摆放在什么样的房间里。

假如房间的入口是在南边，那么按照宋朝的规矩，主位是在餐桌的东边，客位是在餐桌的西边，所谓打横相陪，这时候是指餐桌的南边。也就是说，如果当时武大郎和武松他们是在正厅里吃的饭，那么潘金莲肯定是坐东朝西，武松肯定是坐西朝东，而武大郎则是坐南朝北。三个人各据一方，餐桌北边还空着，应该谁去坐？答案是谁也不能坐，因为那里是最尊贵的位置，只有长辈才能坐。如果武大郎的父母还健在，二老肯定坐在北边，等着武松和武大郎夫妇敬酒。

假如房间的入口是在东边，座次安排就得来一个乾坤大挪移了：主位在北，坐着潘金莲；客位在南，坐着武松；餐桌西边成了最尊贵的位置，暂时空着；餐桌东边坐着打横相陪的武大郎。

我讲了这么一堆，没有方向感的读者大概会越听越糊涂。其实，宋朝以及后来元明清三朝的规矩都跟现在差不多，都是根据房门的位置来确定身份高低。面向房门的座位一定是最尊贵的，要让长辈来坐，如果没有长辈，就得让它空着；长辈的左手边是主位，右手边是客位；长辈对面的座位，也就是背对房门的那个座位，一向是副陪的位置，坐在那里最方便传菜斟酒，这也就是《水浒传》里说的“打横相陪”。

《夫妇开芳宴》，河南禹州白沙宋墓彩色壁画，翻拍自《白沙宋墓》一书。图上夫妇相对而坐，首席空着，奴仆从末座端茶递水。

房门决定席位

关于鸿门宴的座次安排，《史记》上是这么写的：“项王、项伯东向坐，亚父南向坐……沛公北向坐，张良西向侍。”项羽跟他的叔叔项伯坐在西席，谋士范增坐在北席，刘邦坐南席，张良坐东席。

当年学这段课文的时候，老师解释说，按照古代礼仪，最尊贵的是西席，其次是南席，再次是北席，最末是东席。项羽自己坐西席，让客人刘邦坐在相对低贱的南席，说明他狂妄自大，目中无人，不懂待客之道。

这样解释对不对？我觉得后面对，前面不对。读者朋友可以翻翻《仪礼》《周礼》和《礼记》，翻翻历代正史的《礼志》，找不到西席尊贵、东席低贱的记载。其实古人安排座次只有一条铁律：正对房门的座位是首席，背对房门的座位是末座，在有客人在场的情况下，首席右边的座位会比左边稍微尊贵一些，同时越靠近首席的位置越尊贵。

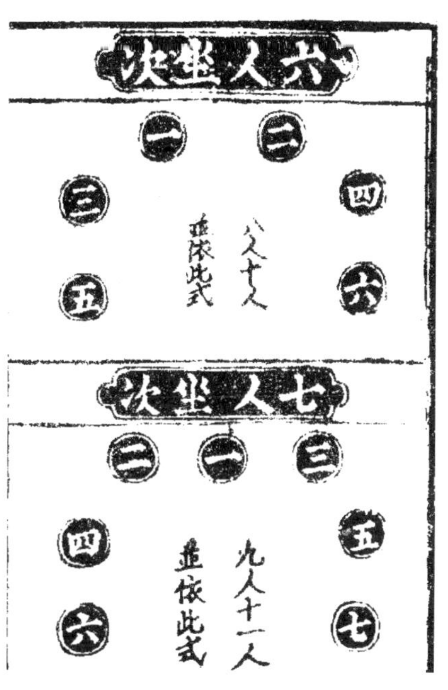

宋代宴席座次示意图，翻拍自《事林广记》前集第十一卷，中华书局影印版。

从“张良西向侍”可以看出，鸿门宴的东席属于末座，所以这个宴席是在坐西向东的房间里进行的，房门在东边。房门在东，正对房门的西席自然是首席。那天项羽坐了西席，范增坐了北席，而让刘邦和张良分别坐南席和东席，说明项羽确实狂妄自大，目中无人。但是我们千万别觉得西席一定是首席，东席一定是末座，关键还得看房门在哪个方向，方向一变，东西南北座次的等级就会跟着变。

为了说明房门对于座次安排的重要性，我们不妨再看一个宋朝的例子。

宋仁宗嘉祐元年（公元 1056 年），苏东坡的爸爸苏洵在郑州一家酒楼设宴，给即将升任财政部长（三司使）的张方平接风。那家酒楼坐北朝南，可是苏洵订的包间却坐南朝北，故此苏洵安排座位的时候，特意让张方平坐在南边，自己坐在北边相陪。他为什么这样安排？因为南边的座位正对房门，是首席，应该让张方平那样的大领导坐。

假如苏洵不懂得房门决定座次的规矩，生搬硬套地认为西席一定尊贵，让张方平坐在西边的座位，自己却像鸿门宴里的张良一样坐在东座“西向侍”，我猜张方平会把他当成不懂礼仪的糊涂蛋，当场拂袖而去。

东家和西宾

北宋初年，中原一带属于大宋，归宋太祖赵匡胤领导；江浙一带属于吴越，归吴越国王钱俶领导。大宋地盘大，兵力强；吴越地盘小，兵力弱，所以吴越不得不归顺大宋，成了大宋的附属国。

归顺大宋以后，吴越国王钱俶很难适应自己的身份。他去东京汴梁，见了赵匡胤得磕头，身份明显是个臣子；可他一回杭州，江浙群臣都得向他磕头，仍然保留了国君的体面。既是臣子，又是国君，钱俶不知道该怎样对待大宋派来的使臣了。

刚开始，大宋派使臣去吴越慰问，钱俶在正殿设宴款待，总是坐在餐桌的北边，而让使者坐在餐桌西边。正殿的大门朝南，餐桌北边正对大门，自然是长辈和上司才能坐的位置，他把自己的座位安排到那里，说明他认为自己比大宋派来的使臣高一级。

宋太祖赵匡胤听说这个消息以后很恼火，换了一个比较强势的使臣去吴越。钱俶照旧设宴款待，照旧坐在餐桌北边，那个使臣站起来大声说："这样安排不对！"钱俶问怎么不对，使臣说："我是大宋皇帝的臣子，你也是大宋皇帝的臣子，我们身份平级，座位也该平级，你凭什么坐在北边？"钱俶被他说服了，于是把自己的座位挪到了东边。

宋朝的规矩就是这样，正对房门的座位最尊贵，背对房门的座位最低贱，两边的座位差不多平级。平级归平级，主客之分还是有的，主人应该坐在首席的左边，客人应该坐在首席的右边。

一般来说，正式的宴席都是在正厅里举行，正厅大门在南，所以当主人和客人之间没有明显的辈分和级别差异的时候，主人一般是坐在东边（首席左手边），客人一般是坐在西边（首席右手边）。这个规矩在宋朝以后一直延续，时间长了，人们就把主人称为“东家”，而把家庭教师和私人幕僚这些受人尊敬的客人称为“西宾”。

宴席的规格

北宋开封有个驿馆，叫作“都亭驿”，是宋朝最大的国营招待所，朝廷经常在那里招待外宾，相当于现在的钓鱼台国宾馆。

宋仁宗至和元年（公元1054年），契丹使臣来呈送国书，按照惯例，被安排在都亭驿下榻。第二天，宋仁宗在都亭驿大摆宴席款待使者，席上让宰相、参政、枢密使、三司使、御史中丞等高官作陪。当时司马光年纪不大，官职卑微，但因为受宋仁宗宠信，得以奉陪末座，跟契丹使者和诸位大臣一起享用了一顿美餐。

据司马光回忆，那天的宴席极为丰盛，光果盘就上了八套，前后用了将近一百种果品。司马光还说，宴席规格很高，“凡酒一献，从以四肴”。大家每喝一杯酒，都要换上四道新菜。

宋朝皇帝喝酒，酒跟菜配套，喝一杯酒至少要换一道菜，就像吃法式西餐那样。现在看来，当时的国宾宴也是这个样子，甚至比皇帝的私人宴席还要讲究，喝一杯酒居然要换四道菜！

我必须说明，宋朝宴席是有正式和非正式之分的，非正式的宴席就跟现在大多数中餐宴席一样，流水上菜，不撤旧盘，盘盘碗碗堆满餐桌，宴席结束后一片狼藉；而正式的宴席就有些西餐范儿了：吃新菜、撤旧菜，酒菜搭配，酒体从轻盈到丰满，食客从微醉到半酣，菜肴也跟着不断变化，从清淡到浓烈，再从浓烈回归清淡。

我还必须说明，宋朝的正式宴席有规格高低之分，而判断一个宴席的规格高低又有秘诀：看配菜的数量就行了。喝一杯酒换一道菜，属于规格较低的正式宴席；喝一杯酒换两道菜，宴席的规格就上去了。司马光在都亭驿参加的这场国宾宴规格最高，所以喝一杯酒能换四道菜。

按照宋朝的礼仪，平日招待外宾的规格并没有这么高，合理的规格应该是“凡酒一献，从以两肴”，喝一杯酒换两道菜就行了，为什么这场国宾宴要换四道菜呢？我们来揭开内幕：宋仁宗本来只让宫里的御厨和堂厨备办宴席，负责陪客的宰相怕御厨偷工减料，又把自己家的厨子拉了过去。而契丹使臣也很客气，想让东道主尝尝他们辽国的美食，来的时候就带着几名厨师。最后四拨厨子齐上阵，八仙过海各显神通，你上一道菜，我也上一道菜，“凡酒一献，从以四肴”，就把宴席规格抬高了。

主食可以下酒

在宋朝参加高档宴席，不像吃中餐，更像吃西餐，吃完旧菜，再上新菜，吃完这一道，再来下一道，不是呼啦一下全端上来。

南宋朝廷举办的国宴就是这样子。

据陆游说，有一回他参加国宴，集英殿上摆了几十张餐桌，在座的都是高官，大家坐得很端正，吃得很庄严，在司仪的指挥下共同举杯，共同吃菜，动作堪称整齐划一。每当大家共同喝完一杯酒的时候，侍者都会把餐桌上的菜肴撤下去，再端上一道全新的菜肴。那天与宴者各自喝了九杯酒，所以每张餐桌先后上了九道菜。

这九道是什么菜呢？

第一道“肉咸豉”，是用豉汤煮的羊肉。

第二道“爆肉角子”，做法不详，但我知道“角子”是一种狭长形的包子。

第三道“莲花肉油饼”，做法也不详，看名字，估计是一种肉饼。

第四道“白肉胡饼”，属于另一种肉饼。

第五道“太平饆饠”，它是唐朝时期从波斯帝国传过来的一种食物。

第六道“假鼋鱼”，是用鸡肉、羊头、蛋黄、粉皮和木耳加工的一种象形食品，看起来是鳖，其实不是：鳖肉是鸡肉做的，鳖裙是黑羊头的脸肉做的，鳖背是一大片木耳，鳖腹是一小片粉皮。

第七道“柰花索粉”，是类似绿豆粉的一种粉干，滚水煮熟，用姜花做装饰。

第八道“假沙鱼”，做法不详。

第九道“水饭咸旋鲊瓜姜”，是用半发酵米汤调制的泡菜。

我觉得我能得出两个结论：一是南宋朝廷办国宴并不摆谱，差不多都是家常菜；二是那时候似乎挺喜欢用主食下酒——以上九道菜说是下酒菜，其实里面的肉饼、炒饭和包子都是主食。

大家可能会认为用主食下酒很怪异（现在很少有人愿意就着一笼包子喝二锅头），但是我尝试过，感觉也不是那么难以接受。譬如说入秋以后，把晒干的馒头掰碎，放到锅里快炒，边炒边洒盐水、泼蛋糊，炒得馒头粒粒松软、颗颗金黄，盛到盘子里，吃一粒炒馒头，喝一口老黄酒，绝对另有一番风味。最重要的是，这样喝酒效率很高，酒喝足了，饭也饱了，真正实现酒足饭饱。

裤裆和宴席

中国人的进食方式出现过三大变革。

很早以前，我们聚餐的时候采取分餐制，就像吃西餐或者日本料理一样各吃各的，后来才改成共餐制。

很早以前，我们跟欧洲人一样，餐桌上离不开刀叉，后来才改成用筷子包打天下。

很早以前，我们像日本人那样跪坐着吃饭，后来才改成坐在椅子上进餐。

这三大变革都是从魏晋南北朝开始，到宋朝结束。换句话说，只有到了宋朝，我们才彻底摆脱了古老而又新颖的分餐、刀叉和跪坐传统，“现代化”的进食方式才完全定型。

今天我们先来探讨一下早先中国人为什么要跪着吃饭。

从传世的雕塑、壁画和画像砖上可以看出，至少在南北朝以前，古人吃饭的时候一直是跪在席子上或者矮床上，即使到了唐朝和五代十国，还有一小部分守旧的遗老在宴席上舍弃椅子，坚持跪坐。很多人早就注意到了这种奇特的生活习俗，但是大家只知其然，而不知其所以然，很少有人指出当时为什么要跪坐。

到底为什么要跪坐呢？原因很简单：避免走光。

史前时代，我们的服饰特色是上衣下裳。裳就是裙子，无论男女都穿裙子，而裙子里面不穿内裤。《西游记》里孙悟空在观世音面前不敢翻筋斗云，就是因为他的虎皮裙下面没穿裤子，翻跟斗时露出下体，对菩萨不敬。

商周时代，我们学会用袍子做内衣（后来袍子变成了外衣）。上衣下裳里面多了一层袍子，走光的风险就小了一些。

春秋战国，裤子终于普及。可是当时的裤子没有裤裆，甚至连裤腰都没有，

［宋］马远《西园雅集图》，现藏美国纳尔逊·阿特金斯艺术博物馆，图中赏画人的坐姿与现代人一样，完全摆脱了跪坐传统。

只有两条裤筒，一左一右套在腿上，要害地方仍然不能遮住。如果一个人伸开双腿坐在地上，等于向对方露出下体，这种姿势古称“箕踞”，意思是大腿叉开，像簸箕一样坐着。当年荆轲刺秦王，没有刺中，就对秦王箕踞，以此来表示对秦王的蔑视。

在榻上跪坐的汉朝妇女，摘自《中国古代服饰研究》第 165 页。

裤裆的发明特别晚。从考古成果上看，至少东汉以前是没有连裆裤的。有人说汉朝宫女穿的“穷绔”就是连裆裤，这是错误的，穷绔只是在开裆裤上加了几根扣袢，不能算连裆。因为没有裤裆，所以东汉以前的成年人在开会和聚餐的时候，必须双腿并拢跪在地上，让外衣垂下来，护住要害部位，这就是古人以跪坐姿势就餐的由来。

连裆裤在东汉以后才被发明出来，并在魏晋南北朝时期广泛使用，所以从魏晋开始就已经有人放弃跪坐了。但是由于社会习俗的强大惯性，又经过长达几百年的缓慢变革，大家才习惯坐在椅子上吃饭，再也不用担心走光了。

从分餐到共餐

《史记》里描述孟尝君养士，说他不端架子，对每一位门客都很尊重，平常跟门客们一起聚餐，他吃什么就让大家跟着吃什么，绝对不会自己吃着山珍海味，而让门客吃糠咽菜。

某天晚上，一个武士去投奔他，孟尝君照例设宴款待并亲自作陪，在旁边布菜的服务员无意中挡住了灯光，刚好把孟尝君挡在黑影里。那个武士误会了，以为服务员正在偷偷地给孟尝君端上好菜，心想："你把好菜留给自己，不让我吃，明显是瞧不起我！"拔腿便要走。孟尝君多聪明啊，赶紧把自己的饭菜端到武士跟前，说道："先生您瞧，我没有搞特殊，我的菜跟您的菜完全一样！"武士知道是自己误会了，羞愧得无地自容，当场拔出剑来自尽以谢罪。

这个故事告诉我们三点：一是孟尝君确实尊重门客，二是战国的武士很有血性，跟日本武士似的；三是说明战国时代流行分餐制——假如主人和客人围坐在同一张餐桌上分享饭菜，那个武士肯定不会怀疑孟尝君搞特殊。

分餐制在中国源远流长，从史前时代一直持续到隋唐时代，不过它跟卫生基本上没关系（古人虽然坚持分餐，敬酒时却有传杯饮酒的习惯），主要是为了在等级上显示出差别：就餐者的地位越高，面前食案上摆放的饭菜数量越多。假如共餐，就会体现不出高低贵贱。

后来技术进步，生活丰富，可以体现高低贵贱的方式越来越多，从服饰、车马、居所、陈设等方面都能凸显出等级，所以古人也就不再重视分餐制。再加上后来的帝王提倡节约，自上而下地号召大家同桌就餐（这样可以节省大量的食案和餐桌），共餐制也就逐渐取代了分餐制。

到了北宋，绝大多数宴席都跟现代中餐宴席一样，一群人围着同一张餐桌向那七碟子八碗展开进攻。但是分餐制在宋朝某些地方还有一点遗留：一是寺院里的和尚仍然坚持分餐（现代寺庙依然如此）；二是皇帝在大宴群臣的时候，群臣虽然共餐，皇帝本人却独自占据着一张餐桌，没有人敢跟他共餐，包括皇后和嫔妃。

群臣共餐，皇帝分餐，这种规矩就给御厨带来了"创收"的机会。每到举行大宴的时候，御厨只需要精心备办皇帝的饭菜就行了，而在准备文武百官的宴席时，可以肆无忌惮地虚报预算并偷工减料。百官既吃不好，又吃不饱，还不敢向皇帝打小报告，因为那是皇帝请客，再难吃都不能不识相。再说皇帝是分餐，他吃的跟你吃的不一样，你说饭菜难吃，他会翻脸——朕觉得很好吃啊！

乡饮

明清科举程序太多，县试、府试、院试、乡试、会试、殿试，即使每次考试都高分通过，也要参加六次考试。

宋朝科举就简省多了，考生只需在籍贯所在地参加一次解试，考中了就是举人。宋朝举人没有做官的资格，含金量只相当于明清的秀才，但是可以直接去礼部参加省试，省试完了再参加殿试，殿试完了就成进士了。不过，宋朝的进士也没有做官的资格，想做官还得再参加吏部的铨试，就像现在大学毕业以后想当公务员，还得再参加公务员考试一样。

宋朝考生在通过解试以后和进京省试以前，地方官有义务请他们吃饭，这顿饭叫作“乡饮”（按《宋史·礼志》，乡饮分为三种，地方官请考生聚餐是最主流的一种）。能参加乡饮是很有面子的事情，但对不喜欢繁文缛节的人来讲，吃这顿饭就有点受罪了。

乡饮一般在孔庙举行。乡饮那天，考生们起个大早，凌晨五六点钟就得在孔庙大门外等着。过一会儿，当地领导驾到，向大家问好。再过一会儿，当地年过六十且有些名望的老年人也驾到了，考生必须向他们作揖。人都到齐了，领导就请大家进去。进了孔庙大门没多远就是正殿，正殿下面是一溜台阶，众人必须让老年人走在前面，但是老年人谦让，非让领导先走，大家互相说着“您先请”，按照礼节推让三回，最后还是老年人先走，领导其次，考生们走在最后面。

进了正殿，便会看到餐桌摆在东西南北四个角落，中间空出一大片。大家在中间空地上站好队，集体向孔子磕三个头，并把酒菜和果盘供到孔子像下面的香案上。磕完头就座，领导坐东南角，主宾（年纪最大、辈分最长的老年人）坐西北角，领导的副手坐东北角，次宾（年纪不太大、辈分不太长的老年人）坐西南角。考生坐哪儿呢？坐在次宾后面，奉陪末座，要是座位不够，就得站着。

这场宴席上有服务员负责倒酒。孔子香案下面整整齐齐摆着一个酒樽、一把勺子、一个橱柜和一个水桶。等大家都坐好，服务员长跪在地，从橱柜里拿出几十个酒杯，放到水桶里洗一洗，用勺子从酒樽里舀酒，一一斟入酒杯，然后端起一杯，送给坐在东南角的领导。

领导接杯在手，谦让不喝，让服务员送给西北角的主宾。服务员很听话，端着酒杯走到主宾跟前，跪在地上，举杯过头，请主宾接酒。主宾一饮而尽，把杯子还给服务员，让服务员替他给领导敬酒。服务员再端一杯酒送给领导，领导这回不客气了，也一饮而尽。然后服务员再端一杯酒送给坐在东北角的副陪，也就是领导的副手，副手也谦让不喝，让服务员送给西南角的次宾，次宾喝完，再让服务员替他向副陪敬酒……等到领导、主宾、副陪和次宾都喝完了，服务员才会端酒给考生。

大家喝完一轮，拿起筷子吃菜，这时候服务员把酒杯收回去，再放到水桶里洗一洗，倒上酒，再依次端给领导、主宾、副陪、次宾和考生，等大家拿起筷子吃菜的时候，服务员再把酒杯收回去，再洗杯、倒酒、端酒、敬酒……如此这般进行七轮或者九轮以后，宴席结束，领导站起来讲话，讲完话大家规规矩矩排好队，还是老人在前，领导在后，考生最后，恭恭敬敬出门。

在这种宴席上，考生最憋屈（奉陪末座或者一直站着），服务员最受累（反复洗杯、反复倒酒、反复磕头）。事实上，服务员往往还是让考生去做，考生当中谁最懂礼节，谁的体力最好，谁就去做服务员。宋人李昂英描述过广州地方官召集的一次乡饮，有个考生当服务员，从早上开始到下午结束，宴席进行了七个半小时，他前前后后磕了七十多个头，“强有力者犹不胜”（《文溪集》卷一《广帅方右史行乡饮酒记》），身板再好的人都会累得浑身瘫软。

如此折腾人的宴席，居然还要定期举行。宋朝科举每三年一次，所以地方官至少要每三年举行一次乡饮。平常不逢科举年，有些地方也搞乡饮，甚至一年搞两次，秋收以后举行一次，大年初一再举行一次。每次乡饮都得花不少钱，这笔钱主要靠政府出。

政府出钱办乡饮，不是为了让考生受折腾，而是为了让他们受教育。据说多参加几场这样的宴席，年轻人就会懂得敬老，懂得谦让，意义非常重大。所以，宋高宗在位时出台过一项规定：“非尝与乡饮酒者，毋得应举。”（《建炎以来朝野杂记》甲集卷十三《乡饮酒》）读书人如果不参加乡饮，以后不许参加科举考试。

太学生请客

河南开封最出名的小吃叫“灌汤包”，烫面做皮儿，肥肉做馅儿，半透明，造型美观，有些像扬州汤包，个头比扬州汤包小，像我这种饭量大的人，一口吃一个，能吃一笼。

灌汤包有来历，据说它的前身是宋朝名吃“太学馒头”。我们知道，宋朝管包子叫馒头，太学馒头就是太学包子。

当年王安石变法，整顿太学，宋神宗去视察，想看看太学生的饮食。到食堂里一瞧，新蒸的包子刚出笼，他拿起一个尝尝，觉得味道不错，于是满意地说：“以此养士，可以无愧矣！”能让太学生吃上这样的包子，工作做得很好嘛！

以上是传说，不一定属实。但有一点我敢打保票：太学生的生活水平确实不错。

太学是最高等级的学府，能在那儿念书的学生都不简单，要么是官二代，比如李清照的第一任丈夫赵明诚；要么学问出众，成绩优异，在县学、州学等地方大学出类拔萃，才能被送进太学。进了太学，不用交学费，也不用交杂费，吃住费用都由朝廷承包，每月还能领到几百文到一千文不等的助学金。

但是在太学念书并不轻松。

首先，考试很频繁，每月一小考，每年一大考，考经义，考策论，考刑律，考诗词。考得好，能当助教（时称“学录参”），能从条件较差的寝室搬进条件较好的寝室，能拿更多的助学金，甚至还有机会提前毕业，出来做官。考不好，得把好寝室让给别人，把助学金让给别人。总是考不好，还有可能被开除。

其次，校规太严。太学里有教授，专管授课；有学录，专抓纪律；还有斋长，类似现在的教导员，一个斋长管理三十个太学生，密切关注着他们的一言一行。言行不严谨，讲诵不熟，功课不做，无故外出，请假超时，跟同学闹别扭，都属于犯规，斋长和学录会记在档案里，到月底给你算总账。犯规次数太多，会被开除；犯规不太严重，会被罚钱。罚了钱，老师不要，拿来请不犯规的学生吃饭。

元朝国子监继承了宋朝太学犯规罚钱的处理办法：犯规第一次，得请同舍学生吃一顿大餐；犯规第二次，不但要请吃饭，还要给大家磕头；犯规第三次，就得卷铺盖离开学校了。

大宋同学会

话说在北宋中叶，四川眉山有位道士，早先在衙门里当小吏，后来不知怎么就出了家，出家以后也不住道观，跑到汉州（今四川广汉）投奔太守吴师道，在吴太守的资助下修仙问道。某年春节，这位道士向吴太守辞行，临走还要了一笔钱，并把这笔钱全部散给了穷人，随后就往汉州府衙的大门口一坐，当场坐化了。

那可是大年初一，衙门口有具尸体总不像话，所以吴太守吩咐手下立刻把尸体弄走。手下人一边背尸体，一边嘟嘟囔囔地说：“这个道士真讨厌，死哪儿不行，非要死在我们衙门口，大过年的让我背死人，晦气！”正抱怨着，道士突然睁开眼睛，对他笑道：“你别骂了，我自己走。”说完健步如飞走到化人场，再一次坐化了。

上述故事听起来很荒诞，但这可不是我瞎编的，而是出自苏东坡的文章。故事里的神奇道士不是旁人，正是苏东坡的发小儿兼小学同学，名叫陈太初。

苏东坡六岁开蒙，七岁读小学，学校地址在眉山天庆观北极院，校长是一位道士，学生大概有百名，陈太初就是其中之一。在这所学校里，苏东坡总共读了三年，但他能记住的同学只有陈太初一个。之所以能记住陈太初，是因为他在中晚年崇信道教（贬谪黄州时曾经去道观闭关修行四十九天）。当他听到从家乡传来的陈太初坐化的消息时，忍不住顶礼膜拜，膜拜完才想起来：咦，这是我的小学同学啊！

苏东坡于宋仁宗嘉祐二年（公元1057年）中进士，那年同时考中进士的共三百八十八人，后来这三百八十八个同年当中有三分之二成了东坡文集里的常客。换句话说，虽然苏东坡跟百余名小学同学没有交往，但跟他的大多数同年保持着联系。轻同窗而重同年，这正是宋朝士大夫阶层的普遍倾向。

请注意，同年中进士并不相当于考入同一所大学。现在的大学同学要在一起生活三到四年，个别男女同学还有可能恋爱同居或者结成夫妻，而宋朝的同年进士只不过是在省试和殿试期间一起参加那么几天考试而已，此后或留任京师，或分到全国各地出任基层文官，从此天各一方，很多同年到死也未必能再见上一面。那么，同年之间到底是怎么形成亲厚友谊的呢？

最直接的原因是一场“期集”，也就是我们现在常说的同学聚会。

按宋朝惯例，进士及第后第一件事不是回乡光宗耀祖，而是召开全体性的同学会。现在同学聚会时间很短，相聚最多一天，聚餐最多几顿，完了各回各家。宋朝新科进士聚会则不然，可以说是旷日持久：从殿试结束开始，到皇帝亲赐闻喜宴结束，这期间每天一小聚，五天一大聚，每次聚会都要聚餐，往往聚上二三十天才算完。

为什么要聚这么长时间呢？因为他们要把同学录印出来。宋朝每隔两三年搞一次殿试，每次平均录取三百多名进士，这三百多个人的姓名、名次、籍贯、相貌特征、祖上三代都要编进同学录，所以要花费几天时间来仔细统计。统计完了还要誊写，誊写完了还要付梓，那时候没有激光照排，全靠工匠雕版，光刻板就得十天左右。刻完板还要印，印完还要装订，装订完还要分送给所有进士，于是花的时间就长了。

新科进士如此聚会，所需费用是相当惊人的。宋朝皇帝厚待士人，从神宗时开始拨付专款："诏赐进士及第钱三千缗，诸科七百缗，为期集费。"（《燕翼诒谋录》卷五）赐给进士们三千贯，赐给诸科（宋朝科举除进士科，还有明经、明法等科）七百贯，专供大家聚会。但是因为人数太多，会期太长，这笔钱并不够用，所以还要凑份子，按成绩排名出钱，譬如状元出三千贯，榜眼出两千贯，探花出一千贯，其余出几百贯不等。

需要说明的是，这种聚会并非强制性的，你如果想省钱，完全可以不参加。但是几乎所有人都争着参加，哪怕借钱凑份子也要去。为什么呢？"同年期集，交谊日厚，它日仕途相遇，便为倾盖，意为异日请托之地。"（《儒林杂录·期集》）同年本来没感情，经过长期聚会，成天在一起喝酒，兄弟情谊自然就产生了，他年官场升迁，就会互相照顾。

皇帝请客，谁敢不去

宋朝皇帝大宴群臣的频率很高：皇帝过生日，大宴一次；皇后过生日，大宴一次；给太子举行成人礼，大宴一次；给太子举行婚礼，大宴一次；给外国使臣接风，大宴一次；给凯旋将士庆功，大宴一次；每年春节大宴一次；每年中秋节大宴一次；冬至和夏至拜祭天地，照例都各要大宴一次……总之在宋朝当大官，免不了隔三岔五参加国宴，一年到头宴席不断。

现在的人都知道，宴席多了未必是好事，因为宴席上总是有人敬酒，喝坏了身体不划算。宋朝的官员也对频繁参加皇帝召集的宴席感到苦恼，不过让他们苦恼的不是喝酒太多，而是宴席上的规矩太多。

皇家宴席都有哪些规矩，一时半会儿是说不完的，我们先瞧瞧国宴上是怎么排座次的。

按《宋史》第一百一十三卷记载，皇帝赐百官饮宴的时候，他自己要坐在正殿，面南背北，单人单席，坐龙椅，用黄绫当桌布；太子、亲王、宰相、副相、枢密使、枢密副使、各部尚书以及进京述职的高级将领和高级地方官也坐在正殿上，不过不再是单人单席，而是聚餐制：每四人或者六人共用一个餐桌，每人坐一个绣墩，用红绫当桌布。这些餐桌分成东西两排，太子、亲王和勋贵们坐东边那排，宰相、副相、枢密使和各部尚书以及其他高级官员坐西边那排。

级别稍微低一些的文官武将没有资格在正殿吃饭，只能去偏殿，偏殿里的餐桌比正殿里的餐桌矮一些，座位也比正殿矮一些。当你从庄严肃穆的正殿来到觥筹交错的偏殿，会发现偏殿里的人整体上比正殿里的人矮一头，这当然不是身高的原因，而是坐具偏低的缘故。

级别最低的文官武将连在偏殿吃饭的资格都没有，得去外面走廊里就座。他们的餐桌最矮，坐具也最矮——每张餐桌旁边铺四条毡席，大家只能跪坐在餐桌旁边吃喝，好像穿越到了跪坐盛行的隋唐以前。

跪坐的姿势不舒服，再加上还要遵守很多规矩，以至于一些官员只要听说皇帝赐宴就头疼，总想请假不去。但是宋朝皇帝最烦自己请客的时候有人不去，比如“臣僚有托故请假不赴宴者，御史台纠奏”。臣子要是编谎话请假，被人检举揭发出来是要受处分的。

官方宴会，务必到场

南宋初年有四员猛将：岳飞、张俊、刘光世、韩世忠。这四将各领人马，抵抗金兵侵略，平定农民起义，为南宋政局稳定立下汗马功劳。

绍兴十一年（公元1141年），宋金议和，战争暂时停止，宋高宗想解除四大将的兵权。旨意一下，张俊、刘光世、韩世忠都很听话，唯独岳飞坚持要打，不收复中原誓不罢休。他手里有兵，还是精兵，“将在外，君命有所不受”，宋高宗不敢逼他，怕逼急了造反，于是解除岳飞兵权就成了一项艰巨的任务。

这项任务落到了秦桧头上。秦桧的主意是挑拨离间，让其他大将嫉恨岳飞，把岳飞孤立起来。怎样挑拨离间呢？秦桧给诸将写信，通知他们及时赶到杭州，并在西湖上大摆筵席，犒劳这些从前线归来的功臣。他也给岳飞写了信，通知岳飞如期赴宴，但是岳飞年轻气盛，心高气傲，不把他放在眼里，所以拖了六七天才赶到。

在这六七天里，秦桧每天都在西湖上请诸将吃饭，每天都唉声叹气地说：“大功臣怎么还不到啊！”大家问谁是大功臣，秦桧说：“自然是岳飞岳少保，他的功劳无人能比。”然后还特意大声嘱咐手下人：“待岳少保来，益令堂厨丰其燕具！”（《建炎以来系年要录》卷一百四十）等岳少保来了，筵席的规格还要抬高，不然不符合他的身份！

后来岳飞终于赶到了，大家却都不理他。众人想，都带兵打仗，都杀敌立功，凭什么你岳少保受到特殊优待？下回打仗干脆让你一个人去好了。岳飞不明就里，见同袍都烦他，雄心壮志顿时消了一半，被宋高宗顺利解除了兵权（参见《宋史·王次翁传》）。至于背负“莫须有”罪名、冤死风波亭，那都是后话了。

秦桧的计策并不新鲜，无非是把北宋初年宋太祖的“杯酒释兵权”和春秋战国晏子的“二桃杀三士”综合了一下。而且他这条计策还有一个漏洞：假如岳飞不高傲，假如他能按时参加酒席，那秦桧就没办法挑拨离间了。

事实上，宋朝的文官武将对于官方宴会向来很重视，一般都会按时参加，因为他们知道不参加官方宴会的后果很严重，会危及自己的仕途。

官方宴会是政治任务

佛门生活跟俗家不同，俗家人起得晚，出家人起得早。嵩山少林寺的和尚每天早上五点钟之前必须起床，然后踩着钟声去大殿里烧香拜佛，唱诵经典，这就是所谓的“做早课”。尼姑们起得就更早了，云南昆明有一家尼姑庵，庵中尼姑每天凌晨三点起床，四点开始做早课，一直做到六点半。到了初一和十五，以及浴佛节和成道节，刚过午夜就得起床，那时候，喜欢夜生活的俗家人刚刚睡下。

宋朝的京朝官与此类似。京朝官就是那些常驻京城的高级官员，这些高官每天都要上早朝（休假时除外）。而早朝非常早，天没亮就开始了，为了避免迟到，他们一般会在凌晨三四点钟起床，然后骑着马赶赴皇宫。

早朝的时间有长有短，有事启奏，无事散朝，但是有事的时候居多。大家送上奏章，讨论问题，在皇帝主持下处理各种国家大事，一般要到八九点才能散朝。在这期间，上朝前没有吃早点的大臣会耐不住饥饿，特别是患有糖尿病的臣子，血糖迅速下降，以至于在散朝以后饿晕过去。为了解决这个问题，宋朝的皇帝会给京朝官准备一席丰盛的饭菜，让大家在散朝后吃上一顿。

上完早朝，大臣还要值班到中午，不能回家吃饭，更不可能打电话叫外卖，只能在单位里吃。宋朝绝大多数中央机关都设有小食堂，还有专职的厨师和服务员，大家不用买饭票，不用刷卡，直接吃就是了。

无论是散朝后的工作餐，还是值班时的工作餐，都必须吃，想不吃都不行。第一，这是皇帝的恩典，必须接受；第二，吃工作餐不仅可以填饱肚子，还是一种例行的政治学习。

吃饭怎么能成为政治学习呢？因为大臣吃饭要守规矩，按照品级高低分别落座，谁的官大，谁坐首席；谁的官小，谁坐末座，坐错了位置会受到弹劾。这样做可以让大臣认清自己的地位。另外，吃工作餐可以喝酒，但是不能吆五喝六，不能喝到烂醉，也不能乱扯跟工作不相干的闲话，经常参与这样的宴席，就能体会到朝廷的威严和工作的重要。

“公款吃喝”打折以后

东北某媒体的记者在采访我时，问了一个很有意思的问题。

他说：“您的书里多次提到宋太祖大宴群臣，这是您经过考证后得到的结论。但是很多资料都显示宋太祖是比较节俭的，您如何看待这里的矛盾之处？”

这个问题其实并不成立，大宴群臣跟皇帝节俭怎么会是一对矛盾呢？宋太祖的帝位是怎么来的？是用鲜血换来的吗？不是，他是买来的，用高官厚禄买来重臣拥戴，用声色犬马买到宿将卸甲。他和他的子孙之所以能坐在皇帝的宝座上，靠的不是流血千里的威慑，而是雨露均沾的施恩。他频繁宴请大臣，他的子孙也频繁宴请大臣，大宴群臣成了祖宗家法，官方宴会赚得百官忠心，他们这样做的成本不算高，收益却相当大。从帝王的角度看，这才是真正的节俭。假如赵匡胤为了省几个钱就不去和臣子联络感情，那他不叫节俭，叫抠门。

宋太祖以后，除了过于内向的宋英宗，每一任皇帝都非常重视“公款吃喝”。我说的“公款吃喝”可不是各级官员瞒着皇帝偷偷地胡吃海喝。我说的这种“公款吃喝”是皇帝准许的，而且是皇帝提倡的，它有正式的场合，也有正式的礼仪，还有正式的预算。

每年冬至和春节，宋朝皇帝都要举办“大朝会”，那是最高等级的“公款吃喝”，京朝官必须参加，并跟皇帝一起吃饭喝酒。

宋朝宰相定期去政事堂值班，政事堂设有小伙房，准备了好酒好菜，宰相和副相们忙完了工作，必须聚在一起吃顿饭。这顿饭叫作“堂餐”，是比大朝会次一级的“公款吃喝”。

上至京城里的各部各监，下至地方上的各府各县，每个衙门也都有“公款吃喝”。只要你在职，就必须得去吃，并且得按时参加；如果去不了，你得请假。因为在宋朝帝王眼里，这种“公款吃喝”有助于沟通上下感情，化解同僚矛盾，基本上等于是政治学习。

遥想当年，南唐国主李璟不重视“公款吃喝”，每月有十天让大臣吃素，大臣都抱怨，谓之“半堂食”，意思是“公款吃喝”打了折扣，本来天天能吃肉，现在吃不成了。后来敌人攻打南唐，南唐大臣不出力，结果把国土丢了一半。由此可见，这一类官方宴会在帝制时代真是功德无量，可千万不能打折扣啊！

第二章

去宋朝吃面食

“转基因”面条

我有一个朋友，江苏昆山人，有一年去郑州参加书博会，说要尝尝郑州的小吃。我是河南人，得尽地主之谊，于是请他去最有名的一家老字号烩面馆就餐，给他叫了一碗羊肉烩面和两瓶本地啤酒。他尝了一口烩面，马上皱起眉头。我以为他嫌硝味儿太重（正宗的羊肉烩面熬高汤时必定加硝），建议他遵从郑州人吃烩面的习惯，往面汤里加一杯啤酒。他试了试，又尝了一口。我问他好不好吃，他悲愤地说：“再让吃烩面，黄泉路上见！”从此以后，我就再也不敢请他吃烩面了。不过我到了昆山，却经常吃他们当地的奥灶面，倒不是因为奥灶面比烩面好吃，而是因为我爱吃各种面食，而他不爱。

北方人爱吃面食，南方人一般不爱吃面食，这在宋朝表现得尤其明显。苏东坡有个学生叫张耒，他从河南淮阳出发，去湖北黄冈旅行，一到信阳光山，就基本上见不到馒头、包子和面条了，因为光山以南的居民不喜欢吃面（参见张耒《明道杂志》）。当时江南的风俗是这样的：农村媳妇如果孝顺，就让公婆吃米；如果不孝顺，就给他们吃面（参见周辉《清波杂志》），可见当时南方人对面食是很轻视的。

为什么宋朝时南方人对面食如此不友好？一是因为他们吃惯了大米，嫌面粉口感粗粝；二是因为他们相信一个谣言：面粉有毒，吃了对健康不利。这就像现在有些人对转基因大豆持敌视态度，相信吃了转基因大豆制成的食用油会致癌一样。

其实也不只宋朝，很多朝代的南方人都认为面食有毒。唐朝有个中医叫孟诜，南方人，写了一部《食疗本草》，说面食有毒。宋朝有个文人叫方勺，南方人，写了一部《泊宅编》，也说面食有毒。明代杭州有个美食家叫高濂，著有一部《遵生八笺》，专谈怎样养生，他说小麦味甘、性凉、无毒，但是做成的面条却有毒性，不能常吃，否则会得疝气。甚至到了清朝，一个名叫王士雄的南方中医也说面食是有毒的，不能吃，吃了会肝胆肿胀、肠胃溃疡。

最有趣的是，古代中医还发明了一种给面食“解毒”的方法：煮好一锅面条，捞出来过两遍水，这样面粉里的“毒素”会在水里稀释、溶解，然后把汤倒掉，就可以放心大胆地吃面条了。

要想知道小麦是不是真的有毒并不困难，多做些实验就知道了。譬如，可以仔细观察常吃小麦的居民是否比不吃小麦的居民更容易得病和上火；也可以拿出神农尝百草的勇气，自己试着品尝品尝。但是临床验证和逻辑推理不是古人的长项，所以有了“面食有毒”的讹传。

面食是怎样传到南方的

《妇女推磨图》，宋代画像砖拓片，翻拍自《甘肃宋元画像砖》一书。

南方人吃面，历史悠久，当年孙权招待蜀国使者，酒席上就有面食。他的谋士诸葛恪还当场写下《磨赋》，以此歌颂石磨把小麦加工成面食的不朽贡献（参见《太平御览》卷八百三十八）。孙权是南方人，这说明至少从三国时期开始，南方人就吃面了。

遗憾的是，孙权这个南方人是特例。直到北宋灭亡，大多数南方人都不吃面。一是不想吃，嫌面食太粗；二是不敢吃，怕面食有毒；三是南方不怎么种植小麦，想吃面得从北方输入。

到了南宋初年，南方居民不吃面食的现象突然消失了，临安城的饭店里开始出售各种各样的面食，甚至一些南方农民也开始种植小麦、吃面条。之所以会有这种转变，主要是因为政局出现了变革。

我们都知道，北宋末年，金兵攻陷了首都开封；到了南宋初年，整个中原地区差不多都被金国控制，成了金国的地盘。在改朝换代的过程中，不愿降金的文武百官跟着宋高宗向南方逃难，不愿做亡国奴的老百姓也大规模迁往南方。在南宋建立后的前半个世纪，至少有三千万北方难民陆陆续续渡过长江，分别在浙江、江苏、福建、广东、湖北、湖南等地定居下来。这些来自北方的新移民把饮食习惯和种植习惯带到了南方，并在短时间内增加了对小麦和面食的需求，使得长江以南突然出现麦价比米价还贵的局面，从客观上诱导南方稻农改种小麦。

据宋朝文人庄绰的《鸡肋编》记载，宋高宗晚年时，江浙地区遍布麦田，杭州、苏州、嘉兴、南京等南方城市的街头涌现出大量的北方面馆。在这种情况下，一部分南方居民自然会改变以往对面食的偏见和误解，也开始吃面食和做面食。

蔡京煮面

众所周知，蔡京是北宋有名的奸臣，他残害忠良，迫害百姓，帮着宋徽宗干了很多坏事。奸臣一般都有点小聪明，否则不可能得到皇帝的欢心，也不可能得到同僚的拥护，进而就没有机会当奸臣了。而蔡京就是一个非常聪明的奸臣。

话说蔡京年轻的时候，在扬州当过一段时间的太守。在扬州任上，他长袖善舞、左右逢源，既谄媚上级，又拉拢下级，扬州官场被他搞得一团和气，官员都佩服他，“缙绅一辞，皆谓之有手段”（蔡绦《铁围山丛谈》卷六，下同）。

大家都夸他办事干练，工作能力突出。

有一年夏天，蔡京在自己家组了一个局，请同僚们吃饭。他组的这个局有个名堂，叫作“凉饼会”。宋朝人说的“凉饼”就是唐朝人说的“冷淘”，放到今天其实就是冷面。所谓的“凉饼会”，实际上是“冷面局”。

那天蔡京原本只请了八个人，但出乎意料的是，大小官员听说太守请客，想借机会亲近他，于是乌泱泱都来了，到场的客人竟然一下子从八位变成了四十位！

宋朝人做冷面，没有机器，都是纯手工制作。为了让面条筋道，蔡京至少得提前半天把面和上，饧到十分透，揉到十分光，然后才能抻成又细又圆的面条。抻好就得煮，煮好就得过水，过完水就得拌卤，拌完卤就得端给客人吃，不然面会坨了，难吃又难看。蔡京预计请八个人，自然只准备了八个人的面条，现在呼啦一下子来了几十位，他该怎么应对呢？有的客人开始犯嘀咕：“蔡四素号有手段，今卒迫留客，且若是他食，辄咄嗟为尚可，如凉饼者，奈何便办耶？”人人都说蔡老四（蔡京行四）有办法，可是今天来了这么多人，他怎么来得及做出那么多冷面来呢？我们就等着看他的笑话吧！

事实证明，蔡京确实有办法——不到半个钟头，他就做出了四十碗冷面，每个客人一碗，吃起来还挺鲜，挺筋道，一看就是现做的，大家边挑起面条享受美味，边对蔡京的手艺赞不绝口。

蔡京是怎么做到的呢？史料上没有具体说明，不过我能猜出大概。据我猜测，由于蔡京总是请客，常请人吃冷面，所以他家一定备着一大批揉匀的面团。他将面团揉光，用细纱裹紧，油布包严，往冷水里一放，隔天拿出来揉一揉，能存放七八天不变质，而且放的时间越长，面团就越筋道。如果“不速之客”登门，蔡京便不慌不忙，取出几个面团，在面案上拽开，簌簌地抻细，下锅煮熟，过水拔凉，浇上卤汁，铺上菜码儿，火速上桌，客人们便可大快朵颐……

馒头不是馒头，包子不是包子

宋仁宗在位时，有个县官叫刘永锡，爱养宠物。他养了一条狗，喜欢跟狗同桌吃饭，他吃什么就让狗吃什么。有一回他吃馒头，也用馒头喂狗，让他的学生看见了，学生说：老师你太过分了，怎么能用“珍味”喂狗呢！

我十年前读到这段，很不理解。不是不理解用馒头喂狗，而是不理解那个学生的话，他说刘永锡用“珍味”喂狗，馒头算什么“珍味”？无非就是蒸熟的一坨面嘛！

后来我懂了，原来宋朝人说的馒头并不是馒头，而是包子（现在温州人仍然把包子称作馒头，而把馒头称作“实心包子”）。

包子的种类可就多了，按馅儿分类，有肉包子也有素包子，有羊肉包子也有猪肉包子，有蟹黄包子也有灌汤包子。宋朝的馒头——其实是包子——也分很多种，有肉馒头也有素馒头，有羊肉馒头也有猪肉馒头，有豆沙馒头也有蟹黄馒头。

素包子在宋朝是一个大门类，因为佛教在宋朝已经深入各个阶层，社会上流行吃素，老年苏东坡，中年黄庭坚，都在吃素队伍中摇旗呐喊，所以素包子很受欢迎。

其实宋朝也有“包子”这个概念，那时候的包子并不是包子，而是菜包，也就是用菜叶裹上肉馅儿做成的美食。例如，“绿荷包子”并非荷叶造型的包子，也不是荷叶馅儿的包子，而是在青绿的荷叶上放满熟馅儿，再把荷叶裹紧，这样的成品绝非如今的包子，对不对？

最后做一个简单的总结：宋朝人的饮食概念自成一派，把包子称作“馒头”，把馒头称作“炊饼”，把烧饼称作“胡饼”，把菜包称作“包子”。就像当年鲁迅从日本留学回来，把火车称作“汽车”，把汽车称作“摩托”，把摩托称作“自行车”……很好玩。

酸馅儿包子

话说北宋时期，开封府有一个开当铺的张员外，只因平日抠门到了极点，从不多花一文钱，不让人占他一丝一毫的便宜，因此人送绰号“禁魂张”。按宋朝白话，“禁”即降服，“魂”即鬼魂，人们说他“禁魂”，意思就是十分精明，连鬼魂也别指望从他手里弄到钱。

有一天，一个乞丐从“禁魂张”的当铺门口经过，嘴里唱着莲花落，手里拿着大笊篱，希望“禁魂张”能施舍几枚铜钱。“禁魂张”正在里屋算账，柜上是他的伙计当值，那伙计见乞丐可怜，顺手往笊篱里面扔了两文钱。这一举动刚巧被“禁魂张”瞧见了，他怒气冲冲地从里屋出来，正言厉色地对伙计说：“你是给我打工的，居然胳膊肘往外拐，你有什么权利给这个臭要饭的两文钱？一天给他两文，一千天就得给他两贯！”说着抢过笊篱，往柜上钱堆里一倒，倒了个底朝天。那乞丐不但没要到钱，还把别处施舍的几十文铜钱全折了进去，自然不服。可他怕挨打，不敢跟“禁魂张”动武，只能站得远远地高声叫骂。

一个小老头走过来劝道：“这张员外是有名的‘禁魂张’，家大业大，手眼通天，你是争不过他的。不如我给你二两银子，你当本钱去卖菜糊口吧。”乞丐千恩万谢，拿着二两银子离开了。原来这个小老头是个喜欢劫富济贫的神偷，江湖人称“宋四公”。

为了给乞丐出气，也为了惩罚“禁魂张”，宋四公决定去他的当铺里偷钱。到了晚上，宋四公去夜市上买了两只酸馅儿，拌上一些毒药，又准备了一些类似鸡鸣五鼓断魂香的迷香，翻墙进入“禁魂张”的当铺。他先用拌了毒药的酸馅儿毒晕了两条看门狗，又用迷香迷晕了看守库房的保安，然后再用自配的万能钥匙打开了库房大门，偷走五万贯财物，连夜溜出了开封城……

上述故事出自宋朝话本《宋四公大闹禁魂张》，整个故事非常曲折，我们只掐出开头这一段讲讲，后面的情节就不再赘述了。为什么单掐开头这段来讲呢？

因为它提到了一种宋朝食物：酸馅儿。

酸馅儿是什么东西呢？南宋人金盈之《新编醉翁谈录》第三卷有记载：“人日，正月初七日也。造面茧，以肉或素馅，其实厚皮馒头酸馅也。”意思是到了正月初七，开封城里家家户户都包面茧，有的包肉馅儿，有的包素馅儿，这种面茧其实就是厚皮包子，又叫酸馅儿。

何谓“面茧”？两头尖尖，中间略鼓，底下平平，顶端有棱，是一种形态古怪的长包子。

我是开封人，如今开封民间仍流行包这种好似蚕茧一样的长包子，做法极其简单，比包普通的包子还要容易：将半发酵的面团掐成小团，一一拍扁，擀成圆圆的、跟手掌差不多大的面皮，托在手中，放上馅儿，将两条弧边对折、合拢、捏紧，再让面皮继续发酵，待包子发得圆鼓鼓的，上笼蒸熟。坦白说，整个过程极像包饺子，只不过饺子用死面，不用发面，一般煮熟，不是蒸熟，而且皮儿也没那么厚，更没那么大罢了。

既然酸馅儿属于形态狭长的包子，那干脆就叫“长包子”或者“扁馒头”好了，为什么又叫酸馅儿呢？答案很简单，它的馅儿真是酸的。

按照我们现代人的常识，包子馅儿可荤可素，可咸可甜，但不应该酸，如果馅儿酸了，那说明包子坏了，没有人会吃。但是我们不能用今人之心度古人之腹，我们不爱吃酸馅儿，不代表宋朝人不爱吃。

宋朝人加工包子馅儿，有时会让馅料初步发酵，形成独特的酸味儿，然后再包成那种两头尖尖的长包子。馅料发酵以后，部分蛋白质分解出游离氨基酸，既容易消化，又增加了鲜味。

为了验证发酵后的馅料能不能食用，我用泡发的腐竹、摘蒂的木耳、洗净切丝的小白菜做了一盆馅儿，撒上作料，腌半小时，再用保鲜膜密封，常温下搁置一天一夜，第二天打开，酸香扑鼻。然后我用这种酸馅儿包了一锅长包子，蒸出的包子鼓鼓的，口感更加松软，馅料更加爽口。我连吃了四顿，却没有拉肚子。

金盈之《新编醉翁谈录》写得明白，酸馅儿的馅料“以肉或素馅”，说明可荤可素，我为什么只用蔬菜做实验，而没用肉馅儿呢？第一，肉比较贵，实验成本比较高，万一发酵失败，我会挨妻子的骂；第二，在宋人诗话中，酸馅儿这种食品通常都是寺庙的常餐，以至于苏东坡在评价和尚诗歌的时候，会说“有酸馅气”。和尚大多食素，所以我想酸馅儿应该也是以素馅儿为主吧？

能吃的备胎

宋朝人出远门喜欢带一种干粮，叫作“环饼”。

环饼是一种很古老的干粮，南北朝时就有，早先的样子很像圆环。做法很简单：用水和盐把面粉和成团，拍成饼子，在饼子中间挖个孔，把手指伸进去，转着圈地握，握成一个面环，烤熟就行了。很明显，那时候的环饼很像面包圈。

环饼到唐朝发生了明显变异：还是先握出来一个面环，然后还要把面环拧成股，然后再放到油锅里炸。换句话说，唐朝的环饼已经从面包圈变成了麻花，但名字还叫“环饼”，有时候也叫“寒具”，据说是因为寒食节期间不能生火做饭，吃这种油炸麻花最适宜。

到了宋朝，环饼又变了，它在有些地方是面包圈，在有些地方是炸麻花，在有些地方则是油炸馓子。馓子你应该知道，它跟麻花挺像。只是麻花较粗，馓子较细，麻花拧股，馓子不拧股。北宋宫廷里招待贵宾，前前后后几十道菜，十几道主食，其中一道主食就是馓子，但当时不叫馓子，还叫环饼。

同样是环饼，为什么在不同的地方会有不同的形状？这跟旅行方式有关。宋朝淮北多盗贼，路上不安全，单身出门，得有兵器防身，可是官府又严禁平民带兵器，所以平民要么在绑腿里暗藏一把带鞘短刀，要么手提一根齐眉木棍（棍棒不算兵器，可以正大光明地带着出门）。人们把环饼做成面包圈，一枚一枚套在木棍上，在解决防身问题的同时又安置了干粮，很方便。京畿地面的治安比较好，出门不用带棍棒，所以把环饼做成麻花或者馓子，这样往包裹里装的时候不会太占地方。

宋朝穷书生游学，大多负笈。“笈”是竹子编的书箱，下面分层，可以放书；上有凉篷，可以遮雨；旁边丫丫叉叉，突出一些挂钩，可以挂一些必不可少的随身物品，比如梳子、手巾、清新口气的牙香囊等，也可以挂环饼。我觉得书生的环饼应该保持了最初的面包圈形状，因为面包圈可以悬挂在书箱的挂钩上，而麻花和馓子则不能。

早在南北朝，北方人赶马车出远门，会做一些特大号的环饼，时称“餢飳”。出门的时候，把餢飳挂在马车后面，远远望去，如同备胎。路上饿了，停下马车，取下“备胎”，抱着啃，咯吱咯吱，香极啦！

去王安石家吃胡饼

王安石的儿子名叫王雱，是个神童，五岁认字，七岁写诗，十三岁那年就能给《道德经》加注释了。可惜天妒英才，英年早逝，三十二岁便一命归西，连个后代都没留下。

王雱在世的时候成过亲，娶的媳妇姓萧。王雱死后，萧氏改嫁。王安石痛悼爱子早丧，心灰意冷，向宋神宗申请提前退休。这时候，萧家的一个小伙子来到王安石府上做客，希望能得到王安石的援引，以便将来在仕途上飞黄腾达。

这个姓萧的小伙可能是王雱的小舅子，也可能是王雱的内表弟。不管怎么样，他是王安石的亲戚，所以王安石接见了他，还留他一起吃晚饭。

王安石秉性节俭，平常在家吃饭不大喝酒，桌子上最多摆两样菜，主食不是米饭就是蒸饼（即馒头），最奢侈的时候会来一盘羊头签儿（这是一种非常好玩的象形美食），一边看书，一边捏着往嘴里送。这回亲戚来了，饭菜不能像平常那样简单，王安石先让仆人上酒菜，酒喝得差不多了又上主食。什么主食呢？就是胡饼。

胡饼的历史很悠久，早在西汉时期就从西域传到了中原。刚开始做法简单，就是把加了油和盐的面团擀成满月形状的大饼子，再放到火炉子里烤得两面金黄，做出来有点像馕。后来进入隋唐，胡饼有了大变化，个头小了，芝麻多了，从馕进化成了芝麻烧饼。白居易有两句诗："胡麻饼样学京都，面脆油香新出炉"指的就是进化成芝麻烧饼的新式胡饼。

王安石那天待客用的胡饼也是芝麻烧饼，他吃得津津有味，一会儿就把自己那份儿吃完了。可是他的客人，也就是王雱的那位小舅子或者内表弟，嘴巴却很刁，只啃烧饼的中间部位，周围那一圈留着不吃。他每吃一个烧饼，都制造出一个"面包圈"，如果连吃五个烧饼，再把剩余部分连起来，奥运会的标志就出来了。为什么只啃烧饼的中间部分呢？因为烧饼都是中间薄、四周厚，芝麻粘在当中，所以中间的味道比较好，四周的口感比较差。

最后说说王安石怎么教育这个浪费粮食的年轻人：等到宴席结束，他一声不响走到客人面前，慢慢地把面包圈拿起来，默默地吃完，一点烧饼渣都没剩下。

吃饭和运气

我们豫东平原有一种风俗：逢年过节，必吃饺子。冬至也好，春节也好，中秋也好，重阳也好，都要吃饺子。包括端午节，别的地方包粽子，我们那儿包饺子，每年如是。

包一大锅饺子，其中某个饺子里面要包上一枚铜钱。如果没有铜钱，至少要包一枚硬币。饺子煮熟，盛到碗里，每人一碗，大家开吃。吃着吃着，必定有人中彩："哎哟，我吃到钱了！"一边说，一边把那枚铜钱或者硬币吐到手上，向大家展示。这时候，所有人都会向他恭喜："中！你交好运啦！"意思是别人都没吃到钱，就你吃到了，你未来的运气一定不错。

类似的风俗在宋朝也有。南宋前期，金盈之写《醉翁谈录》，写到北宋末年风俗，有这么一段话："人日，正月初七也。造面茧，以肉或素馅，其实厚皮馒头酸馅也。馅中置纸签，或削作木，书官品。人自采取，以卜异时官之高下。"每年正月初七，宋朝人加工长包子（面茧），不管肉馅儿还是素馅儿，馅儿里一定要裹一个纸团或者一块木头，上面写着各种各样的官衔，看你能不能吃到。你拿起一个包子，一口咬下去，硌了后槽牙，吐出来一瞧，"参知政事"，相当于国务院副总理！兴高采烈，人人羡慕。假如只吃到"主簿"，那说明将来最多只能做到县长秘书，彩头就不那么好了。

我们现代人往饺子里包铜钱包、硬币，图的是一个好彩头。更准确地说，可能只是为了热闹，为了好玩。宋朝人往包子里包纸团、包木头，未必全是为了好玩，他们可能真的相信这个。

南宋嘉熙年间，江苏吴兴农民为了预测来年粮价，冬天会用竹篓捕虾，一个竹篓里能捕多少虾，就预示来年大米涨到多少钱。比如说，今天晚上往村头河沟里下一竹篓，第二天早上捞出来，里面有二十只虾，说明过了春节一石大米能卖二十贯；如果有十五只虾，说明一石大米就只能卖十五贯啦！

饽饦是什么东西

先讲两个小故事。

故事一：大唐长安有一个青年，喜欢吃猫，常常偷宰街坊的猫。后来黑白无常找上门来，对他说猫们在阎王那里告了一状，阎王让他马上就死。他大惊，求无常鬼放过他，无常不理，于是他把这两个索命鬼带到一家饽饦店，点了几份饽饦请无常一起吃。哪知饽饦刚端上来，无常就嗖的一声不见了。原来饽饦里面有大蒜，而鬼最怕大蒜，所以一闻见蒜味儿就跑了。

故事二：还是大唐长安，有个人患有很严重的梦游症，睡梦中请朋友下馆子吃饆饠。梦醒以后，此人发现自己躺在床上，外面有人敲门，打开门一看，梦里去的那家饭馆的小伙计来催账。此人明白过来：啊，原来刚才不是梦，是真的去吃饆饠了。他问小伙计："我们吃了多少？"伙计说："您老人家吃了二斤，您朋友一口没吃，可能他嫌我们做的饆饠蒜放得太多。"

以上两则故事都出自唐朝段成式写的《酉阳杂俎》，故事里都提到了饆饠。饆饠是什么东西呢？唐朝人增编的字典《玉篇》以及宋朝人续修的韵书《广韵》都收录有"饆饠"条目，解释很简单。前者说："饆饠，饼属。"后者说："饆饠，饵也。"在中古时期，饼跟饵同义，都是指面点，由此可见，饆饠属于面点。

饆饠是外来食物，源自波斯（饆饠就是唐朝人对波斯语 pilow 的音译），外边有皮儿，里面有馅儿，跟包子有些像。但包子是圆的，而饆饠是扁的，所以它是一种馅饼。这种馅饼跟其他馅饼的区别在于，它既可以用面做皮儿，也能用粉皮做皮儿，包馅儿的时候还必须用到碗——把皮儿铺到碗里，然后放馅儿，封口，拿出来拍扁，油炸或者蒸煮。最特别的是，饆饠的馅儿里还要放很多蒜末，前面两则故事里都提到了这一点。

饆饠在唐朝曾经很流行，到了宋朝，广大人民已经忘记它是什么东西了，只有宫廷宴席因为沿袭唐朝传统菜式，偶尔还会出现饆饠的身影。例如，北宋皇帝寿宴和南宋皇帝寿宴上都会出现一道"太平饆饠"。不过，我猜宋朝御宴上的饆饠应该不会放大蒜——君臣吃完饆饠，人人一嘴蒜味儿，多不雅观啊！

馄饨和馉饳

现代人过冬至，流行吃饺子。特别是我们北方人，冬至那天必须要来一碗热气腾腾的饺子，据说要是不吃，耳朵会被冻掉。

宋朝人过冬至吃什么呢？跟我们一样，也是吃饺子。不过宋朝还没有“饺子”这个说法，那时候只说“馄饨”，馄饨就是饺子。

读者朋友可能会说：馄饨是馄饨，饺子是饺子，馄饨怎么能跟饺子画等号呢？没错，现在的馄饨跟饺子是有区别的：馄饨皮薄馅儿少，饺子皮厚馅儿多；馄饨多用方皮，饺子多用圆皮。可是宋朝人说的馄饨跟我们现代人说的饺子完全是一回事，同样是用圆皮包馅儿，同样是包成半月形，中间鼓鼓的，两头尖尖的，边缘扁扁的。

宋朝也有馄饨——真的是馄饨，不是饺子。宋朝人包馄饨，包得很大，很复杂，造型像朵花，含苞待放，可以用铁签子串起来烤着吃，当时管这种食物叫“餶飿”（读作“骨朵”）。也就是说，宋朝人的食物叫法跟我们不一样，他们说的馄饨就是饺子，而他们说的餶飿才是馄饨。

现代人包馄饨，式样很多，有的折成三角，有的卷成陀螺，有的扎成灯笼，有的叠成元宝，有的状如伞盖，有的拖着尾巴。宋朝人包馄饨（餶飿）是这样的：四四方方一张面皮，半尺见方，像豆腐千张一样厚，把馅儿放上去，捏住一个角，斜着折一下，折的时候要偏离对角线，故意让角错开，千万不要折成三角形，更不要折成矩形，正确的折法是折成一个看起来很不规则的八边形（诸位可以随便撕张纸试一下，说起来复杂，其实非常简单，一折就成），然后把边儿捏紧，以免露馅儿，捏紧以后再对折一次，然后再捏紧，手心托着馅儿往上一顶，手指压着边儿往外一翻，这样就包成了一个小孩拳头大小的莲花，中间的花苞还没开，外围的两片花瓣已经傲然绽放。

像这样包馄饨，样式很好看，可惜很难煮，因为皮儿厚（不然软塌塌的不像莲花），几番压叠以后会变得更厚，三滚不熟，只好用铁签串起来烧烤，边烤边往上面撒作料，烤得外焦里嫩，拿着签子大吃，别有一番风味！

冬饺子，年馎饦

宋朝人最重视冬至，他们过冬至跟过年差不多：机关放假，商店关门，再穷的人都要换上新衣服出门见人。在外面玩累了，回家打牌、喝酒、掷骰子，尽情赌博，不用怕警察抓赌，因为朝廷每逢冬至都会开恩，允许老百姓大赌三日。冬至头天晚上，家家户户包饺子，包好饺子先祭祖，祭完祖开始吃，吃一批，留一批，留到冬至那天早上再吃一顿。

过完冬至，很快就是春节。宋朝人过春节，还是机关放假，商店关门，上街玩耍，回家赌博，朝廷再次恩准大赌三天，但是要论热闹劲儿，春节恐怕还不如冬至。为什么？一是因为小门小户没什么积蓄，过冬至的时候开销大，已经把钱花得差不多了，没能力备办像样的年货，家里没积蓄，想热闹也热闹不起来；二是因为过冬至可以吃饺子，过年却只能吃馎饦。

陆游写过一首《岁首书事》，描述宋朝人怎么过年，其中有这么两句："中夕祭余分馎饦，黎明人起换钟馗。"意思是除夕要用馎饦祭祖，祭完祖再分吃馎饦，然后大年初一起个大早，把旧年画撕下来，再把新门神贴上去。这首诗下面还有陆游的一段小注："岁日必用汤饼，谓之冬馄饨、年馎饦。"岁日就是大年初一，汤饼就是馎饦，岁日必用汤饼，说明大年初一吃的是馎饦，而不是饺子。

跟饺子相比，馎饦有点寒酸，因为它没有馅儿，只有面片。农学家贾思勰《齐民要术》记载了馎饦的做法：和好面，搓成团，切成条，揉得又圆又细，再掐成一寸长的小段，把这一小段搁在盆沿上或者手心里，大拇指按住，由近及远这么一搓，搓成一个中间凹、两头翘的猫耳朵，把这些猫耳朵放到菜汤里煮熟，一锅馎饦就做成了。其实现在山西还有这种食品，也是先掐段，再搓片儿，搓成翘翘的猫耳朵或者高高的小笆斗，可以用菜汤煮熟，成品叫"圪坨"；也可以直接上锅蒸，成品叫"栲栳栳"。

馎饦不是宋朝人发明的，它在唐朝时传到日本，并被日本人改头换面——

做面片时不用手搓，改成先擀后切，切成又宽又薄的面条，再用菜汤煮熟。现在日本山梨县还有一家专售馎饦的面馆，标志很明显，大门口横挂匾额，匾额上有四个字：馎饦不动。

蝌蚪粉

据说，南宋人过元宵节，餐桌上美食丰富，有乳糖圆子、澄沙团子、滴酥鲍螺、诸色龙缠，还有水晶脍、琥珀饧、宜利少、糖瓜蒌、蝌蚪粉……（参见《武林旧事》卷二《元夕》）

乳糖圆子和澄沙团子都是汤圆，其区别在于馅儿：乳糖圆子用糖霜做馅儿，澄沙团子用红豆泥做馅儿，也就是今天最常见的豆沙汤圆。滴酥鲍螺是奶油做的螺纹状小点心，诸色龙缠是用饴糖缠绕出来的糖果，水晶脍就是皮冻，琥珀饧就是麦芽糖，宜利少是散碎的小糖果，糖瓜蒌是甜瓜蜜饯。

蝌蚪粉是什么呢？把蝌蚪晒干，磨成粉？当然不是。它是一种面食，一种象形食品。宋朝有无数象形食品，蝌蚪粉应该算是做法最简单的一种。有多简单？请听我道来。

面粉加水，搅成糊糊，端到锅边，舀到甑（盆状陶器，盆底多孔，架在锅上，用来蒸饭）里，用手一压，稀面糊从甑底的窟窿眼里掉下去，啪嗒啪嗒掉入开水锅，先沉底，再上浮，两滚煮熟，笊篱捞出，冲凉，控水，拌上卤汁，拌上青菜，就可以吃了。甑底的窟窿眼是圆的，所以漏下去的那一小团一小团的面糊也是圆的；它们漏下去的时候势必受到一些阻力，藕断丝连，拖泥带水，所以每一小团面糊都拖着一条小尾巴。圆脑袋，小尾巴，像不像小蝌蚪？当然像。所以，宋朝人把这种面食叫作“蝌蚪粉”。

我在豫东平原长大，我们那儿有一道面食叫作“蛤蟆蝌蚪”，正是宋朝蝌蚪粉的直系后代。蛤蟆蝌蚪跟蝌蚪粉的长相一模一样，就是做法上略有不同。因为甑这种炊具在今天已经不流行了，所以我们漏面糊时用的是铁箅（铁箅也有很多窟窿眼）。抓一把面糊放到箅子上，手掌伸平，由左至右这么一抹，照样有很多小蝌蚪啪嗒啪嗒掉到开水锅里。煮熟捞出来，用蒜汁、葱末、精盐、姜丝、香菜叶、辣椒面、小磨油、江米醋调成的卤汁一拌，酸辣鲜香，口感滑嫩，顺顺溜溜滑到肚子里，简直不用过牙。

宋朝还有一种跟蝌蚪粉很相似的面食，叫作“拨鱼儿”，是把面糊放到一只大勺子里，再用一只小勺子沿着边缘一下接一下地往开水锅里拨，全是大头小尾巴的小面片儿，就像一锅小鲫鱼。目前这道面食在中原地区仍然流行，以后哪位朋友来河南，我下厨做给你吃。

夹包馍

豫东乡间最重丧葬，一个人死了，亲人要祭奠很多次。出殡得祭奠，头七得祭奠，五七（出殡以后第三十五天）再祭奠一回，百天（出殡以后第一百天）还要祭奠，此后周年忌日要祭奠，过三年（去世三周年纪念日）要祭奠，过十年（去世十周年纪念日）仍然要祭奠。还有每年的除夕、清明和十月初一，也要各祭一回。

祭奠的场面有大有小。头七、百天、周年、除夕是小祭，只需要死者家人上坟哭几声；出殡、五七、三年、十年、清明和十月初一是大祭，亲戚必须到场，上坟，摆供，作揖，叩头，烧纸，哭。哭完了，回主人家聚餐，把一部分供品吃了。

供品分很多种，有一种必不可少，那就是馍馍。祭祀用的馍馍比较大，四两一个，祭祀完毕，不能吃，得让亲戚带走。带走之前，主人还得把这些馍馍挨个儿掰开，夹一片切得很薄的熟肉，我们那儿把这种馍馍叫作“夹包馍”。据说吃了夹包馍，老人会变健康，小孩会变聪明。我小时候很笨，父亲经常带夹包馍给我吃，结果我变得聪明起来，妈妈再也不用担心我的学习。现在我敢觍着脸写这本书，估计也跟小时候常吃夹包馍有关。

三里不同风，十里不同俗，如果你去陕西，就只能吃肉夹馍，吃不到夹包馍了。陕西人祭奠，当然也要摆供品，供品里当然也少不了馍馍，亲戚走的时候，主人一样要把馍馍掰开让亲戚带回家，但是并不夹肉。既然不夹肉，为什么还要把馍馍掰开呢？因为这是礼节。馍馍不掰开，属于供品，供品归死者享用；掰开以后，它才是食品，才能让活人吃，而且吃了还能带来好运气。

写到这儿，我想起南宋人洪迈讲的一个故事。

说是在北宋末年，中原闹瘟疫，很多人染上重病，什么药都用了，一点儿效果都没有。后来大家派代表去河北请一位道士禳解，道士“取供饼，裂其半”，交给代表说：“持此与食，自能起矣。”代表回去吩咐大家照办，瘟疫还真就没有了。

宋朝把平常吃的馍馍叫作“蒸饼”（又叫“炊饼”），把祭祀用的馍馍叫作“供饼”。“取供饼，裂其半”，意思是把祭祀用的馍馍掰成两半，吃了这种馍馍就能祛除瘟疫了。为什么能祛除？大概是因为祭祀的时候，这些馍馍已经沾上了祖宗和神灵的福气吧！

槐花和麦饭

古诗云：“竹外桃花三两枝，春江水暖鸭先知。”我不是鸭，但我是“先知”——预先知道什么时令该吃什么菜，特别是野菜。

阳春时节，野菜葱茏，北方平原上，茵陈、荠菜、刺蓟、柳絮、榆钱、蒲公英的嫩苗、枸杞的嫩芽等次第登场，有的适合清蒸，有的适合炖煮，有的适合煎炸，有的适合汆熟，变着花样吃，可以连吃一个月不重复，绝对能让爱吃野菜的朋友大饱口福，同时可以用这些上天恩赐的清鲜来净化油腻的肠胃。

吃完这些野菜，最多再有半个月，槐花就该上场了。

槐花就是槐树开的花。槐树分两类，一类是洋槐，一类是国槐，洋槐花能

图上小麦已被脱去硬壳，俗称“麦仁”，将麦仁泡软蒸熟，便是宋朝人说的“麦饭”。

吃，国槐花不能吃，味道不好，吃了还会中毒。洋槐花的吃法比较多，最简单的是用开水焯一下，拌上盐，浇点小磨油，做成沙拉；也可以煎着吃，稍微拌一点点面粉，撒上作料，拍成小薄饼，用油煎得两面焦黄，再切成小块，用高汤和米醋焖煮，极鲜极嫩，有天津名吃“贴饽饽熬小鱼”的风味；比较传统的吃法是用槐花蒸麦饭：槐花淘净，撒上精盐，拌些棒子面，摊笼屉上蒸，棒子面里点缀着星星点点的槐花嫩蕊，鸭绿鹅黄，蒸熟了很好看，再用花椒油调味，热气衬着清香，好吃得很。

宋朝好多名人都吃过麦饭。苏东坡给友人写信，说自己吃斋一天，“食麦饭、笋脯，有余味”。陆游写诗自叙隐居生活，也说“瓦盆麦饭伴邻翁，黄菌青蔬放箸空”。北宋灭亡，宋徽宗被金兵押到北国，途中也吃过麦饭，但他似乎不喜欢，说麦饭比瓦砾还难吃。

宋徽宗认为麦饭难吃，不是因为吃不惯野菜，而是因为宋朝的麦饭跟现在的槐花麦饭完全不一样。当时所谓的麦饭，其实是用麦仁做的：把小麦泡软，倒进石臼里，用木杵捣去硬壳，剩下那些较软的椭圆小颗粒就叫“麦仁”，把麦仁煮熟，麦饭就成了。这种食物我吃过，口感很硬，淡而无味，而且很难消化，宋朝人之所以吃它，大概只是为了充饥。

另外，我觉得宋朝人不太可能吃上槐花麦饭，因为那时候只有国槐，没有洋槐，如前所述，国槐开的花是不能吃的。

第四章

肉食与海鲜

黑旋风不吃羊肉

《水浒传》第三十八回，宋江、戴宗和黑旋风李逵在江州琵琶亭喝酒，宋江见李逵饿了，吩咐酒保道："我这大哥，想是肚饥，你可去大块肉切二斤来与他吃，少刻一发算钱还你。"酒保道："小人这里只卖羊肉，却没牛肉，要肥羊尽有。"李逵听了，便把鱼汁劈脸泼将去，淋那酒保一身。戴宗喝道："你又做甚么？"李逵气愤愤地说："叵耐。这厮无礼，欺负我只吃牛肉，不卖羊肉与我吃！"

我以前读到这段，总是不明白李逵听了酒保的话为什么要发怒，后来花力气研究古代饮食以及相关物价，才搞清楚个中缘由，原来李逵之所以生气，跟牛肉和羊肉在古代的地位高低有关。

古代中国大多数时期，牛肉价格一直低廉，地位低下，不登大雅之堂，是平民阶层的最爱；而羊肉却很贵，经常在御宴和贵族宴席上出现，是贵族阶层的心头好。所以李逵一听酒保说只卖羊肉，就觉得酒保把他当成了穷鬼，认为他只配吃牛肉，不配吃羊肉，于是自尊心受挫，小宇宙爆发，忍不住向酒保发了飙。打个不太恰当的比方，你带女朋友去买衣服，还价还得很低，老板娘不干了，换成一副鄙夷的嘴脸说："买不起就别买，想拣便宜货，挤公交去批发市场啊！"相信你也会跟李逵一样勃然大怒的。

发飙归发飙，其实李逵平常吃的还是牛肉，而不是羊肉。不信你翻翻《水浒传》，黑旋风也就在江州琵琶亭这场戏里赌气点了二斤羊肉（宋江买的单），在其他回目里吃的还是牛肉。梁山好汉里小门小户出身的其他英雄好汉，比如阮氏三雄和拼命三郎石秀等人，平常吃肉也是牛肉占多数，会宰羊待客的只有柴进那样的富二代和晁盖那样的大地主。

平民多吃牛肉而少吃羊肉，是因为羊肉太贵。羊肉为什么贵？跟宋朝的疆域和国防政策很有关系。宋朝疆域太小，辖区内没有大规模养羊的州县。当然，江南和中原也不是不能养羊，只是由于宋朝缺马，朝廷给农民下了养马的指标，有限的草料都拿去喂马了，谁还有条件养羊呢？所以宋朝宴席上的羊肉主要靠进口，进口货当然要贵一些了。

羊肉在宋朝究竟有多贵？举个例子你就明白了。宋高宗绍兴末年，“吴中羊价绝高，肉一斤，为钱九百”（《夷坚丁志》卷十七《三鸦镇》)。一斤羊肉要九百文。而当时县级公安局局长（县尉）每月才拿七千七百文工资（参见《宋史》卷一百七十一《俸禄制上》)，挣一个月薪水，还不够买十斤羊肉。

读者朋友可能会提出两个不同意见：第一，羊肉昂贵，这没错，但牛肉也不便宜啊，怎么成了专供穷人消费的低级食材呢？第二，《水浒传》成书于元末明初或者明朝前期，写的并非宋朝习俗，不能用宋朝物价来解释《水浒传》里的情节，也不能用《水浒传》里的情节来印证宋朝习俗。

事实上，牛肉在历史上确实很便宜，不仅比羊肉便宜得多，也比猪肉便宜得多；不仅在宋朝是穷人的专享，到了元朝和明朝仍然是穷人的福利。

牛肉的地位

元末明初有一个名叫孔齐的人，跟《水浒传》的作者施耐庵生活在同一个时代。孔齐出身官宦家庭，父亲是官，他自己也是官，只是到了晚年，才由于战乱而陷入贫困。据孔齐回忆：“先妣喜啖山獐及鲫鱼、斑鸠、烧猪肋骨，余不多食，平生唯忌牛肉，遗命子孙勿食。”（《至正直记》，下同）他母亲在世时喜欢吃獐肉、鲫鱼、斑鸠以及烤猪排，就是不吃牛肉，一辈子都不吃，临死前还交代儿孙不要吃。孔齐自己认为：“唯羊、猪、鹅、鸭可食，余皆不可食。”世间肉类中，只有羊肉、猪肉、鹅肉、鸭肉可以吃，别的都不可以，包括牛肉。

不过孔齐也吃过牛肉，那是元朝末年战乱以后的事："因猪肉价高，牛肉价平，予因祷而食之。"猪肉很贵，牛肉很贱，此时孔齐已经吃不起猪肉，只好拿牛肉解馋，又唯恐母亲亡灵怪罪，一边吃牛肉，一边默默地跟母亲解释：妈，对不起，不是儿子不孝，实在是买不起别的肉了，只好破例。

宋朝以降，羊肉价格渐渐回落，猪肉价格渐渐上涨，但牛肉跟猪羊肉比起来始终便宜。明朝县令沈榜记载过北京宛平的肉价，猪肉每斤卖二钱银子，羊肉每斤卖一钱五分银子，牛肉每斤卖一钱银子。美国经济学家西德尼·戴维·甘博统计过清朝末年的北京肉价，按一百斤批发价计算，猪肉卖到十四块（银圆），羊肉卖到九块半，牛肉只卖七块，比猪肉便宜一半。

我有一次去台北出差，在和当地人聊天时无意中得知一个关于肉价的信息：就在不远的五六十年前，牛肉在台湾地区差不多能比猪肉便宜一半。回来后我向父亲请教，父亲说我们这边也是同样的行情，猪肉卖到两块钱一斤的时候，牛肉才卖一块二。

行文至此，相信大家已经认识到这样一点：在漫长的历史长河中，牛肉相对猪羊肉而言一向是比较便宜的，只有到了最近小半个世纪才后来居上。

牛肉之所以便宜，首先是因为它的脂肪含量低，能提供的热量不如猪肉，没有猪肉吃起来解馋，在温饱未能解决的漫长历史时期，肥肉一直比瘦肉更受欢迎。甚至到了 1961 年，四川作家李劼人给同学寄了一块肥肉，同学还非常开心地回信道："见其膘甚厚，不禁雀跃，未吃如此肥肉已久故也。"另外一个原因则是儒家文化重视农耕，历代朝廷都将牛当作非常重要的生产工具来看待，长期禁止民间宰杀耕牛和食用牛肉，士大夫阶层也将食用牛肉视为道德败坏的特征之一。

我们还拿宋朝举例。

宋真宗景德元年（公元 1004 年）颁布过禁令："宰杀耕牛之人配千里，徒三年。知情买肉兴贩者徒二年。"宰杀耕牛者被官府发现，发配千里以外，判三年徒刑。明知宰牛非法仍买卖牛肉者，判两年徒刑。

宋高宗绍兴元年（公元 1131 年）颁布过类似的禁令："越州内外杀牛、知情买肉人并徒二年，配千里。立赏钱一百贯。"买牛肉者与宰牛人同罪，一并判处两年徒刑，发配千里以外。检举揭发者有功，赏钱一百贯。

南宋判词选编《名公书判清明集》一书中载有官府严惩宰牛之人的判例：屠牛专业户刘棠被官老爷刘克庄打了一百大板，刘棠开设的牛肉作坊也被取缔并拆除。

表面上看，宋朝如此严禁屠宰耕牛和买卖牛肉，牛肉供应肯定短缺，所以牛肉应该比较昂贵才对。但是这种看法就跟某些学者认为梁山好汉常吃牛肉就是为了表明他们藐视官府禁令一样，完全是出于想当然。

常识告诉我们，纸面上的规定并不等于现实。据《宋会要》和《宋大诏令集》记载，两宋三百多年里，朝廷先后颁布了至少五十道圣旨来禁止杀牛，假如那些圣旨真的有效，一道就够了，哪里用得着颁布五十多道呢？事实上，宋朝政府一直没能管住民间宰牛，所以中低档宴席上的牛肉始终源源不断（参见《宋会要辑稿》刑法二之一百零四、一百零五），而信奉儒家教义的上流社会（士大夫阶层）又不吃牛肉，所以牛肉供求并不紧张。

南宋名臣胡颖是典型的士大夫，他像印度人一样爱牛，也像爱狗之士憎恨贩卖和食用狗肉的那样，鄙视所有吃牛肉的平民，他动用自己手中的权力对杀牛行为进行严厉打击，可是收效甚微。据他自己说："牛之为物，耕稼所资……自界首以至近境，店肆之间，公然鬻卖，而城市之中亦复滔滔皆是。小人之无忌惮，一至于此。"（胡颖《宰牛当尽法施行》）城里闹市区都有许多店铺无视禁令，公然售卖牛肉，天高皇帝远的乡村更是可想而知。

在今天，狗的地位很高，而狗肉的地位却很低，因为在西方文明的影响之下，越来越多的人开始认为吃狗肉是不对的。在古代，牛的地位很高，而牛肉的地位却很低，因为在儒家思想灌输之下，掌握话语权和教化权的士大夫坚信人们不应该食用牛肉。牛肉地位低下，价格便宜，跟这种思想灌输是分不开的。

软羊

在南宋跟西夏、女真和蒙古并立于世的时候，论军事力量，当然南宋最弱，但如果论美食文化，一定是南宋最强。因为西夏的饮食比较单调，蒙古的一些部落还在茹毛饮血，女真人的烹调手段则实在让人不敢恭维。

南宋有一位官员叫周辉，去金国出差，一过淮河（当时宋金两国以淮河为界），可把他高兴坏了——南宋集市上出售羊肚、羊腰、羊血、羊肺，很少有人卖整羊，就是有，也是枯干瘦小，成年公羊长得跟狗似的，还很贵；而金国集市上到处都有羊肉摊，整只出售，肥羊一百多斤一只，还特便宜。周辉很想买几只，过一过羊肉瘾，可他没带锅碗瓢盆，没法煮。到了晚上，他入住金国的国营招待所（驿馆），晚餐很丰盛，一大盆羊肉，周辉学着女真人的样子，不用筷子，直接抓着往嘴里送，哪知刚送进嘴，就吐出来了。为什么？味儿太膻！

照理说，吃羊肉是不能怪羊肉膻的，因为人家本来就膻，不膻那还叫羊肉？怕膻去吃猪肉好了！但细究起来，膻跟膻不一样。有的膻其实是鲜，闻起来膻，吃起来鲜；有的膻那是真膻，膻得发腥发臭。周辉吃的羊肉是后一种膻，又腥又臭，口感还硬，嚼都嚼不动（参见《清波杂志》卷九《说食经》）。他去后厨看了看，明白了，不是金国的羊肉不好，是女真人不会烹调，煮羊肉只煮到三分熟。

南宋还有一位官员叫洪皓，也到金国去过，刚到时惊讶于金国牧羊之多，一群上万只，跋涉几百里，铺天盖地，举目皆是；后来又惊讶于金人之笨："凡宰羊，但食其肉。"（洪皓《松漠纪闻续》）好好的羊下水居然扔掉不吃。

此前我们反复说过，大宋是个缺羊的国度。正因为缺羊，所以把羊加工成食品的时候很爱惜，唯恐暴殄天物，既能把女真人不要的羊下水加工成美食，又能发明出女真人意想不到的烹饪手法。

比如说“软羊”这种食物，就只有在大宋才能尝到。什么是“软羊”？就是用各种作料将洗剥干净的整羊焖在砂锅里，小火慢炖，炖熟以后再蒸，蒸到稀烂，丝毫没有腥膻。当年黄庭坚品尝过这道菜，他说吃的时候“以匕不以箸”，别用筷子，用小勺子挖着吃。每次听他这么说，我都要流口水。

用下水款待皇帝

洪皓说，女真人不忌口，吃牛吃羊也吃猪，就是不吃下水。什么是下水？就是动物的内脏。

比如说女真人宰羊，只要肉和皮，不要内脏，因为在他们眼里，羊肉可以吃，羊皮可以穿，羊的下水既不能吃，又不能穿，留着没用，因此统统扔掉。

洪皓还说，他初次到金国，女真贵族待以上宾之礼，摆了一桌全羊宴。他乐坏了，以为除了孜然羊肉、红焖羊肉，还能尝到羊肝、羊肺、羊肚、羊肠、羊腰子。全羊宴，当然是羊的各个部位一起上桌啦！哪知道一开席，他傻眼了，只有一大盆羊肉和一整张羊皮，羊的下水根本没有。他纳闷，悄悄问服务员怎么回事，服务员指着那盆羊肉和那张羊皮说：“此全羊也！”原来女真人的全羊宴就是一整只羊的肉和皮，不包括下水。

洪皓是谁？他是宋朝大臣，在北宋出生，在南宋做官，在宋高宗即位之后出使金国，一到金国就被扣留，十五年后才回归宋朝，所以他既了解宋朝人的饮食习惯，又了解女真人的饮食习惯。

宋朝人与女真人不同，宋朝人宰羊决不浪费，羊肉和羊皮当然留着，羊头、羊尾、羊心、羊胃、羊脾、羊肺也要留着，这些零部件跟羊肉一样走进厨房，被熟练的厨师用巧妙的手法加工成美味的菜肴。

《东京梦华录》罗列北宋都城东京开封府的早市饮食，有羊肚、羊肺、奶房、赤白腰子，全是羊下水。羊肚即羊胃；奶房就是羊乳房；赤白腰子又叫“二色腰子”，指的是红腰子和白腰子。什么是红腰子？就是肾脏；什么是白腰子？就是睾丸！为什么把肾脏叫作红腰子，把睾丸叫作白腰子呢？因为肾脏是红色的，睾丸则是白里透红，白色的外膜底下隐隐透出丝丝缕缕的红色血筋……

《梦粱录》和《武林旧事》写南宋饮食，涉及的羊下水就更多了，除了前面说的羊肚、羊肺、羊肾脏、羊睾丸，还有羊血、煎白肠和羊肝羹。羊血无须解释，煎白肠指的是羊双肠，羊肝羹则是用羊下水做的杂烩汤。

当然，宋朝饮食中也少不了猪下水。翻翻《东京梦华录》和《武林旧事》，两宋京城有很多小吃跟猪下水有关，例如“猪肚”“猪脏”“猪胰胡饼”，还有猪肺做的“灌肺”、猪肝做的“肝脏夹子”。南宋养生手册《奉亲养老书》载有“猪肝羹方”“猪肾羹方”“猪肾粥方”“酿猪肚方”，都是教人用猪肝、猪肾、猪肚炖汤做菜的小贴士。南宋周辉《清波杂志》里还写到一个陕西官员用猪肠子炒菜……由此可见，就像不排斥羊下水一样，宋朝人也不排斥猪下水。

羊下水也好，猪下水也好，都是内脏，想起来让人膈应，做起来更是麻烦。熘过肥肠的朋友都知道，下水这种食材最难收拾，手艺稍微差点儿，不是去不掉骚味，就是去不掉脏器味。不像炒里脊和熘肉片，最多做生或做柴，不至于做出令人恶心的味道。可是只要烹饪得法，下水又能化腐朽为神奇，其口感和美味是寻常肉类所不能替代的。所以我觉得，宋朝人之所以欢迎下水，是因为他们有本事把下水做成美味，而女真人之所以扔掉下水，是因为他们的饮食文化相对落后，还没有学会这种本事。

说到宋朝厨师收拾下水的本事，我需要再举一个例子。

绍兴二十一年（公元 1151 年），宋高宗去清河郡王张俊府上做客，张府的厨子大显身手，做出三十道下酒菜，其中五道是下水。哪五道？肚胘签、萌芽肚签、鸳鸯炸肚、猪肚假江珧、炒沙鱼衬肠。

肚胘是牛的板肚，煮熟，切丝，用猪网油卷成签筒的样子，然后挂浆油炸，即成肚胘签。

萌芽肚是牛的毛肚，俗称“百叶”。将百叶煮熟切丝，也用猪网油卷炸，就成了萌芽肚签。为什么叫它“萌芽肚”呢？因为毛肚上有很多小突起，好像发了芽。

鸳鸯炸肚还是用牛胃做的，是将板肚和毛肚改刀后一起爆炒。

猪肚假江珧是象形菜，用猪肚做出江珧柱的外形和味道。

沙鱼即鲨鱼，衬肠即小肠，炒沙鱼衬肠是用鲨鱼的小肠做的一道菜。

牛下水、猪下水、鲨鱼下水，全上了桌，而且还敢用来招待皇帝，厨师要是没有收拾下水的好本事，敢这么做吗？

黄蓉的刀工

《射雕英雄传》里，黄蓉做过一道蒸豆腐制作的过程大致如下：把火腿纵切两半，分别挖二十四个圆孔，再把豆腐削成二十四个小圆球，嵌到圆孔里面，再把两半火腿拼起来，捆扎好，上笼蒸，蒸熟以后，火腿的味道渗进豆腐，把火腿去掉，只吃那些豆腐球。

我对黄蓉的厨艺大为倾倒，也想依葫芦画瓢制作蒸豆腐，结果失败了。首先火腿太硬，不事先蒸一蒸，劈都劈不开，还怎么在上面挖孔？其次豆腐太软，我可以把它削成方块，也可以把它削成圆锥，就是削不成圆球。后来异想天开，用电钻在火腿上钻孔，再把豆腐放到冰箱里冻一冻，切成方块，放到老式洗衣机的甩干桶里去甩，居然甩出来几十粒豆腐球（虽然大小不等）。遗憾的是，我做好以后，谁都不吃。是啊，谁愿意品尝用电钻和洗衣机做出来的蒸豆腐呢？

我一度认为，如果不借助菜刀以外的其他工具，在火腿上挖孔或许可以办到，把豆腐削成球则是人力无法完成的事情。后来我知道我错了，因为宋朝有个御厨就擅长把豆腐削成圆球。该御厨姓名失考，负责给宋仁宗做焦䭔。焦䭔是一种油炸食品，用面团裹上糖或者枣泥，搓成一粒粒的圆球，放到油锅里炸熟，然后用竹签穿起，状如糖葫芦。有一天宋仁宗忽然提出吃豆腐饳，也就是用豆腐代替面团。豆腐一搓就散，怎么裹馅儿？又怎么能变成小圆球呢？该御厨灵机一动，先把豆腐切成一个个方块，再把方块切成两半，每半上面挖出一个圆孔，把馅儿摁进去，在面糊里蘸一蘸，两两拼合，把棱角削去，削成圆球，放到油锅里炸……我觉得该御厨的刀工比黄蓉还厉害，因为他不仅能把豆腐削成圆球，还能在很小的豆腐块上挖出圆孔。

宋朝民间厨子的刀工也很了不起。据南宋文人曾三异《同话录》记载，山东泰安有个厨子，擅长做脍，也就是加工生肉丝。他做脍的同时也是在表演刀工：让助手赤裸上身，匍匐在地，然后把一斤羊肉搁在助手背上，运刀如风，很快就能把一块肉切成一排细如毛发的肉丝，而助手的脊背仍然完好无损。真是一门绝活！

这门手艺太危险，不建议大家去学。如果硬要学，我建议给助手的脊背做好充分的保护工作。

君子改庖厨

有位中国名厨去英国执教，第一课，先讲杀鸡。只见名厨一手捉刀，一手揪住鸡脖子，一刀下去，喉管断开，鸡血淋淋漓漓流进白瓷大碗，再看那只大公鸡，还没断气，还在扑扑棱棱拼命挣扎……外国人吃鸡，都是从超市里拿，从来不亲手杀活的，哪里见过这般阵仗？还没等鸡血放完，就有一半学员晕了过去，剩下的学员没有晕，找校长投诉去了。

外国学员少见多怪，不懂我们中华饮食文化。在我们这儿，吃肉就是图个“鲜”字，怎样做才叫鲜？当然是活杀现吃。去餐馆吃鱼，冷冻的不要，一定要活的，挑出一条，活蹦乱跳，刮鳞抠鳃，开膛破肚，亲眼看着厨师加工，据说这样才叫人放心，做出来的鱼才最美味。吃兔吃鸡也是这样，国内出售麻辣鸡、麻辣兔的馆子俯拾皆是，馆子里大多摆着关活物的笼子，让顾客挑，挑出来，当场宰杀，当场剥皮。这要搁英国，得吓死那些外国人。

但是英国人的反应也不算过激，因为人家不习惯活杀现吃。人跟动物都是生命，亲眼看着动物被杀，确实有些不忍。可是大多数人又不能不吃肉，所以只好让别人杀，自己远远躲开。就像孟子说的："见其生，不忍见其死；闻其声不忍食其肉。是以君子远庖厨也。"

身为君子，光是远庖厨还不够，因为自己不杀，别人在杀，还是会有动物丧命，真要不忍的话，最好不吃，同时也劝别人不吃。实在做不到，那就退而求其次，改改庖厨的杀法，尽可能减少动物的痛苦，此之谓"君子改庖厨"。

宋朝人陈世崇做得就很好，他杀鸡，都是拎出来单杀，决不让别的鸡看见。现代营养学家认为，鸡看见同类被杀会难过、会愤怒，愤怒的时候会分泌出一些毒素，进而影响其肉质。陈世崇没学过现代营养学，不懂得分泌毒素什么的，但他"反求诸心，自得其所以不忍者"，可以体会到动物的心理。

陈世崇雇厨子，首先看刀工。这个刀工不是指运刀细腻，能把豆腐块切成头发丝，下汤锅做成文思豆腐之类，而是指活杀现吃的时候只需轻轻一刀，就能让动物在很短的时间内失去知觉。有一回他去朋友家做客，那朋友家的厨子正在杀鹿，从鹿腿下刀，割一块烤一块，陈世崇大怒，立即让朋友把那厨子解雇了。

爱生活，爱肥肉

梁山好汉似乎挺爱吃肥肉。

"九纹龙"史进给少华山上的三个寨主送礼，"拣肥羊煮了三个"。注意，关键词是"肥羊"。

阮氏三雄请"智多星"吴用吃饭，来到一家小酒馆，问店小二有什么下酒菜，小二说："新宰得一头黄牛，花糕也相似好肥肉。"哥仨一听"肥肉"，立马兴奋起来，吩咐伙计："大块切十斤！"

你要觉得只有阮氏三雄这帮大老粗热爱肥肉，那就错了。当年吴越国王钱俶归顺大宋，宋太祖赵匡胤让御厨准备好菜款待钱俶，御厨二话不说，先宰翻一只肥羊。以前说过，宋朝疆域狭小，能牧羊的地方不多，所用羊肉主要来自进口，因此羊肉在宋朝很珍贵，太祖用羊肉招待贵宾正合适。但为什么要用肥羊而不用瘦羊？因为在宋朝人心目中，肥肉比瘦肉更贵重。

明清两朝的人民群众也有类似的观念。元末明初有一本教外国人学汉语的教材很畅销，教材里有一段文字描写聚餐前采购食材："众兄弟们商量了，我们三十个人，各出一百个铜钱，共通三千个铜钱，够使用了。着张三买羊去，买二十个好肥羊，休买母的，都要羯的。又买一只好肥牛。"瞧见没？无论买羊还是买牛，都拣肥的买，不肥不要。

清朝著名的世情小说《儒林外史》只要写到某人请客，餐桌上一定少不了肥肉，有个胡三公子买烤鸭，"恐怕鸭子不肥，拔下耳挖来戳戳脯子上肉厚，方才叫景兰江讲价钱买了。"

《礼记》讲待客之道，有一句"冬右腴，夏右鳍"，意思是说冬天鱼肚子那个地方肥肉最多，夏天鱼脊背那个地方肥肉最多，所以冬天要把鱼肚朝向客人，夏天要把鱼背朝向客人，这样才能让客人吃到最肥的肉。由此可见，肥肉的地位必定很高，不然不会用来敬客。宋朝人待客更典型，贵客上门，主人摆上肉食，"常恐其不肥"（朱熹语）。

古人如此高看肥肉，不是因为他们不懂得减肥，而是因为好多人连温饱都不能保证，根本就用不着减肥。从口味上讲，肥肉比瘦肉更解馋；从热量上讲，吃一斤肥肉要比吃一斤瘦肉更耐饿。所以古人喜欢肥肉，并把餐桌上的肥肉当成好客的象征，当成幸福生活的象征。

水晶脍

《东京梦华录》里说，每年一到腊月，北宋开封就开始有人摆摊卖水晶脍。

《武林旧事》里说，每年一到春节，南宋杭州也开始有人摆摊卖水晶脍。

水晶脍是什么东西？它是一种菜肴，一种晶莹剔透的菜肴。

这道菜不复杂，但非常耗工夫。

买一大块猪皮，放到滚水里泡透，捞出来，刮净细毛，片掉肥膘，切成长条，放到盆里，加满凉水，上笼蒸一个时辰，然后停火，你会发现大部分猪皮已经蒸化了。你把没蒸化的老皮捞出来扔掉，把盆里的杂质（碎肉之类的）滤干净，剩下一盆半清不浑的肉汤，再倒进锅里，小火慢煮，一边煮，一边把漂浮上来的油脂和杂质撇掉。煮上大约半个时辰，停火，再用细纱过滤一遍，剩下的肉汤就很清澈了。你把这锅肉汤倒进大瓷盘里，让它自然冷却，最多半天时间，它就会完全凝固，从液体变成固体，从肉汤变成皮冻。这块大皮冻可以看作是胶原蛋白和水的混合物，而刚才花那么长时间蒸煮猪皮，其实就是把胶原蛋白从猪皮里释放到水里。

仅仅一块皮冻并不能叫作水晶脍，想做水晶脍还得进一步加工。怎么加工？就跟做鱼生一样，得把皮冻切成薄片，然后用食盐、米醋、芥末和花椒油精心调制。必须注意，皮冻不能切得太厚，太厚了会影响透明度，还不容易调味；也不能切得太薄，太薄了一夹就散，既影响口感，又影响品相。到底切多厚呢？这得看周围气温是高是低，皮冻含水是多是少。气温越低越要薄切，含水越多越要厚切。如果你很有经验，刀法很好，切出来的皮冻厚薄适宜，大小均一，就像一片片水晶均匀摆在菜碟里，真正的水晶脍就算做成功了。

宋朝人做水晶脍很有经验，不仅可以用猪皮做皮冻，还能用猪蹄做皮冻，用鸡皮做皮冻，用鱼皮做皮冻。他们还能控制好脂肪的比例，通过撇掉多少脂肪来控制皮冻的透明度：想完全透明的话，就把油脂全部撇掉，并多次过滤肉汤里的杂质；如果想要半透明效果，就留下一些油脂，油脂越多，水晶脍越接近乳白色。

但是宋朝没有冰箱，做出来的水晶脍再美观，温度一高就会化掉，所以他们只能在冷天加工水晶脍，这也是北宋开封和南宋杭州要到腊月才开始出售水晶脍的原因。

指马为鹿

我有一套烧烤设备，网上买的，主要用来烤羊肉串。

我喜欢找清真的朋友买鲜羊肉，漂净，切丁，串起来，架到炭火上烤。一边烤，一边撒盐、撒孜然，羊油扑滋扑滋滴到炭上，一会儿一个小火苗，香飘十里。这时候，喊上邻居，爬到露台上，吃烤串，喝啤酒，很是惬意。

夜市上到处都是烧烤摊，为什么不去买几串，偏要自己烤呢？因为自己烤着吃比较有意思，另外烧烤摊上的羊肉不是羊肉，而是鸭肉。

我可没说全国的烧烤摊都用鸭肉冒充羊肉，我只是说我们老家的一些烧烤摊是这样。我老家有一个传言：小贩买来鸭肉，搁羊尿里泡一夜，羊肉味儿就出来了。事实上人家用的不是羊尿（常识告诉我们，搜集羊尿的成本太高，羊尿其实很珍贵），是羊肉精，通常还会再掺点儿嫩肉粉。羊肉精和嫩肉粉都是非法添加剂，吃多了会致癌。

现在羊肉很贵，牛肉也不便宜，奸商为了赚钱，大卖假肉。别说烧烤摊，你去火锅店叫一盘牛肉丸或者羊肉卷，也有可能会吃到假货。鸭肉掺了羊肉精能变成羊肉，猪肉掺了牛肉膏也能变成牛肉。还有更绝的，把猪肉打散重组，流水作业，只要掺对化学制剂，想让它变什么肉就变什么肉。当然，吃多了都会致癌。

我估计你会慨叹世风日下，人心不古。其实人心从未“古”过，当年鲁迅从北京去西安，在车站买了一包荷叶鸡，揭开荷叶，里面是块胶泥，假得更厉害。鲁迅说他从中国文化里读到两个字——吃人，其实他还应该读到另外两个字——假货。

宋朝是文化盛世，美食丰富，够让人神往吧？翻翻《武林旧事》：“又有卖买物货，以伪易真，至以纸为衣，铜铅为金银，土木为香药……”各行各业都充斥着假货。再翻翻《癸辛杂识》：“今所卖鹿脯多用死马肉为之，不可不知。”秦有赵高指鹿为马，宋有奸商指马为鹿。

南宋有一太守，有回买到假药，把药店老板打了六十板，还写下判词：“作伪于饮食，不过不足以爽口，未害也。惟于药饵作伪，小则不足愈疾，甚则必至杀人，其为害岂不甚大哉？”意思是卖假肉不会影响健康，卖假药就可能要人老命了。该太守说得很对，因为他那个时代的假肉没有非法添加剂，上当归上当，吃多了应该不会致癌。

獐粑和鹿脯

出去下馆子，经常看到这样的提示：

“客官勿见怪，酒水莫自带。”

“谢绝自带酒水和食品！谢谢合作！”

“恕不接待自带酒水与食物的客人。”

“欢迎光临，在本店进餐，谢绝自带任何酒水、饮料和食品！”

去宋朝下馆子，看不到这样的提示。

宋朝饭店允许客人自带酒水和食物。当然，你总得在人家店里消费点儿什么，要是什么都不点，白占人家的座位，那就不够意思了。

除了允许客人自带，东京汴梁各大酒楼还允许“外来托卖”。换句话说，小贩可以光明正大进去向顾客推销各种小吃，店老板不会往外撵人。

《东京梦华录》列了一长串食单，全是小贩在酒楼里推销的东西，既包括炙鸡、燠鸭、姜虾、酒蟹、獐羓、鹿脯等荤菜，也包括莴苣、京笋、辣菜等素食，还包括梨条、梨干、梨肉、柿膏、胶枣、枣圈等蜜饯。

在这些小吃中，我对獐羓和鹿脯最感兴趣。第一，我没有吃过獐肉和鹿肉，至今没有；第二，听说北宋市场上出售的獐肉和鹿肉大部分是假货，我想见识见识到底有多假。

獐羓本来应该是用獐肉加工的肉干，鹿脯本来应该是用鹿肉加工的肉干，但是宋朝人周密在《癸辛杂识》里说，它们大多是用马肉做出来的，而且还都是死马的肉，很不新鲜。为什么要用死马的肉？因为宋朝缺马，朝廷禁止宰马，鲜马肉不容易得到，所以造假商贩只能利用老死或者病死的马。

王安石有一个进士同年，名叫苏颂，此人在东京汴梁定居，调查过死马变獐鹿的黑幕。他说东京曹门外有两条小街，一条街专门出售豆豉，一条街专门收购死马。死马很便宜，买到手以后，剥皮取肉，切成大块，先用烂泥埋起来，过一两天刨出，外观会很新鲜，但是不能吃，腐肉的味道太浓。为了祛除异味，那些奸商大量采购豆豉，用咸豆豉来腌制和炖煮死马肉，炖上一天，无论颜色、口感还是味道，都跟獐肉鹿肉没什么区别了。

苏颂从曹门那里经过，“早行，其臭不可近；晚过之，香闻数百步”（苏象先《丞相魏公谭训》卷十《杂事》）。早上臭气熏天，是因为奸商刚刚刨出死马；晚上香飘数里，则说明腐烂的马肉已经被加工成假獐羓和假鹿脯，可以批发给小贩，让他们去酒楼饭馆推销了。

生吃猪羊肉

唐朝有一种小吃叫“南楼子”，做法是这样的：切一斤羊肉，片成薄片，搁开水里焯一下，把血冲净，把水揩干，撒上盐，撒上姜，撒上胡椒，用生面坯包起来，送进炉子里烤，等面坯烤熟，连面带肉一块儿吃。很明显，面饼是熟的，里面的羊肉却是生的，所以这道小吃绝对不是烧饼夹羊肉，充其量是烧饼夹生肉。

到了宋朝，南楼子被改良了，片开羊肉以后，先蒸熟，然后再夹到面饼里面烤，最后吃到嘴里的是熟羊肉，既美味又健康。从这个角度看，宋朝人比唐朝人聪明。

不过，宋朝人也吃生肉。北宋首都开封西郊有个金明池，金明池里养鲤鱼。每年阳春，开封市民带着砧板、快刀和各种作料去钓鱼，钓出来大鱼，刮掉鱼鳞，挖掉内脏，斩去头尾，剥皮抽刺，片成薄片，切成细丝，蘸点米醋，浇点橙汁，在池畔边钓边吃。这叫“临水斫鲙”，是东京汴梁的一大胜景。

临水斫鲙的“鲙”字，是指把鱼切片切丝，做成鱼生。鱼生没什么了不起，现代人也常吃，但是仅限于长江以南，到中原一带就很少有人吃了，怕腥。而在宋朝，无论江南还是中原，无论贵族还是平民，差不多都爱吃鱼生。我们熟知的历史人物，如欧阳修、苏东坡、司马光、范仲淹以及吴越王钱俶的小舅子孙承祐，都是鱼生的忠实粉丝。

苏东坡吃鱼生吃得虚火不退，得了严重的结膜炎，医生劝他少吃，他气愤

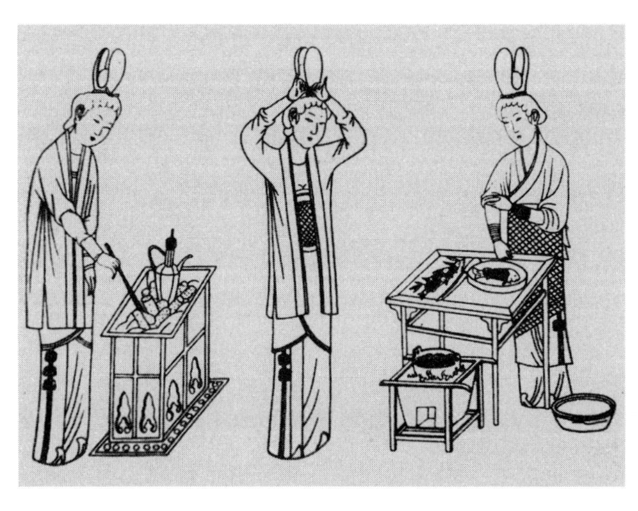

剔骨做鲙的宋代厨娘，摘自《中国古代服饰研究》第425页。

愤地说："吃鱼生对不住我的眼，不吃又对不住我的嘴，眼睛和嘴巴都是我身体的一部分，我怎么好意思厚此薄彼呢！"

吴越国舅孙承祐也是天天吃鱼生，他跟着宋太祖带兵出征，专门让几个大兵给他抬木柜，木柜里装满清水，清水里养着活鱼，该就餐的时候，捞出一两条，在阵地上做鱼生吃。

除了吃鱼生，宋朝人有时候还生吃别的动物，比如生吃猪肉。生猪肉怎么吃？跟吃鱼生一样，剔骨去皮，切片切丝，然后搁滚水里汆一汆，捞出来，过几遍凉水，蘸椒盐吃。有些宋朝人口味独特，不蘸椒盐，而蘸蜂蜜，吃得津津有味。生猪肉蘸蜂蜜到底什么味道？我到现在也没有勇气尝试。

某年冬天到西双版纳，有幸见识布朗族的"年猪宴"，宴席上有道菜，布朗族人频频下筷，我们几个汉人自始至终不敢尝试。那道菜叫作"红生"，据说百分之一百是生肉，鲜里脊配上鲜猪血，用辣椒和盐拌制，不炒不炸，不蒸不炖，现剁现吃，十分生猛。这种吃法，或许就是唐宋遗风。

宋朝人吃不吃狗肉

南宋开禧二年（公元 1206 年），元兵攻打襄阳，襄阳知府赵淳坚守城池，跟元兵打了十几场硬仗。

那时候，攻打襄阳的元兵不下二十万，赵淳的守军不到一万，且没有传说中的大侠郭靖和丐帮好手来帮忙，双方兵力悬殊，敌众我寡，所以只能打游击战，不能打阵地战。据赵淳的参谋赵万年回忆，白天宋军坚守不出，敌人来攻城，就用大炮猛轰；到了晚上，则派敢死队偷袭元兵营寨，烧掉他们的粮草和攻城器具。

最初的偷袭并不顺利，因为襄阳城外到处都是狗，"城外百十成群，有数千只，每遇夜出兵攻劫虏人营寨，则群犬争吠，虏贼知觉，得以为备"（赵万年《襄阳守城录》)。这些狗无意中给敌人当了哨兵。赵淳见状，把城内闲散劳动力组织起来，搞了一个打狗队，专门捕捉那些狗。“旬日之间，群犬捕尽，不惟士卒得肉食之，自后出兵，虏不知觉，每出必捷。”把狗捉完以后再去偷袭，旗开得胜，马到成功，而且我方军队还能用狗肉打打牙祭——几千条狗，够大家开上几顿洋荤了。

爱狗的朋友可能会感到不忍：狗是人类的好朋友，怎么能吃呢？我想请这些朋友留意以下几点：

第一，当时兵凶战危，人命都难保，很难再顾及狗。

第二，那些狗给敌人帮忙，它们被吃，罪有应得。

第三，不吃狗肉是一种文明行为，但这并不代表吃狗肉就是一种野蛮行为。时代不同，区域不同，饮食习俗也不同。千万不能说你这样做是对的，我跟你不一样就是错的，就像不吃鱼的藏族人民并不歧视其他民族吃鱼。凭什么欧洲人不吃狗肉，就要求全世界都不吃狗肉呢？

图为王弘力先生古代风俗画，摘自王弘力著：《古代风俗百图》，辽宁美术出版社 2006 年 2 月第 1 版。

其实宋朝人并不喜欢吃狗肉（襄阳守军吃狗是因为缺粮），至少相当一部分宋朝人不喜欢。这些不喜欢吃狗肉的宋朝人又可以分成两类，一类是苏东坡那样的爱狗之士，他说：“不忍食其肉，况可得而杀乎！”（《苏轼文集》卷七十三《徐州杀狗记》）因为爱狗，所以不忍心吃狗肉；还有一类是大多数士大夫，他们之所以不吃狗肉，不是因为爱狗，而是因为狗肉低贱，只配让下等人去吃，“狗肉不上席”这句民谚就是从他们那儿传下来的。

从肝膋到肝签

江湖故老相传，周天子的膳食清单里有八种珍馐美味。哪八种？淳熬、淳母、炮豚、炮牂、擣珍、渍珍、熬珍、肝膋是也。这八种美食并称“八珍”，在中国饮食史上赫赫有名。

《礼记·内则》详细记载了八珍的做法。所谓淳熬，就是把肉酱煎熟，铺到大米饭上，做成盖浇饭。淳母的做法跟淳熬一样，也是肉酱盖浇饭，只不过要把大米换成小米。炮豚和炮牂分别是烤小猪和烤羊羔，先烤后炖，炖上三天三夜。擣珍是用里脊肉做的，把牛羊猪鹿等动物的里脊取出来，堆在一块儿，反复捶打，然后煮熟。渍珍是用鲜牛肉做的，片成薄片，用美酒浸泡杀菌，最后抹上肉酱，浇上酸梅汤，生吃。熬珍也是用鲜牛肉做的，去掉筋膜，反复捶打，揉进盐巴、姜末和桂皮，风干以后再生吃。

刚才介绍了八珍里的前七珍，现在把它们撤下去，端上最后一珍：肝膋。

肝膋跟狗有关，做这道菜需要用到狗身上的两个部位，一是狗肝，二是狗肠外面粘连的那层网油。《礼记·内则》上说：“取狗肝一，幪之以其膋，濡炙之，举燋其膋，不蓼。”什么意思呢？就是说要从某条狗身上取出一块肝，外面包上这条狗的网油，再用面糊或者米糊上浆，然后在火上烤熟，这样就能给周天子做成美味的肝膋了。

千万别说周天子野蛮，因为现在狗肝和狗网油仍然被某些国家的人民当成口中食。我去韩国旅游时，就吃到过好几回炒狗肝和卷筒狗肉。前一道菜自然要用到狗肝，后一道菜是用狗网油做的狗肉卷，把这两道菜综合一下，不就是八珍里的肝膋嘛！

肝膋的膋字是指网油，这个字比较生僻，到了宋朝已不再用，宋朝人一向管那些用网油卷裹的筒状食品叫作“签”。例如，用鸡肉做的网油卷叫“鸡签”，用鸭肉做的网油卷叫“鸭签”，用牛板肚做的网油卷叫“肚肱签”，所以肝膋到了宋朝会被命名为“肝签”。

但宋朝人只用鸡肝、羊肝和猪肝做肝签，从来不用狗肝来做。他们做签的时候也只用猪网油，而决不用狗网油。为什么？因为大部分宋朝人特别是上流社会根本看不起狗肉，也看不起狗肝和狗网油，他们认为这些来自于狗身上的食材比较低贱，不适合拿来食用。

粤菜吓煞人

苏洵活了五十多岁，苏轼活了六十多岁，苏辙活了七十多岁。按照古代标准，这父子三人已经可以算长寿了。

可惜苏家女性的寿命并不长。

苏洵有个女儿，乳名八娘（同族同辈姑娘中排行第八，在家排行第三，苏东坡喊她三姐），十七岁去世。苏辙有个女儿，乳名宛娘，十一岁夭折。苏东坡的发妻王弗是在二十七岁那年病逝的。苏东坡还有一个小妾，名叫朝云，也不过在人世上活了三十几年，就香消玉殒了。

在宋朝，女性的生命似乎比男性脆弱。翻看宋人文集，悼念亡女的作品非常多，而其死因往往不外以下三种：一是难产；二是病逝；三是不堪虐待，因而自杀。苏洵的女儿八娘是被婆家虐待致死，苏辙的女儿宛娘和苏轼的妻子王弗都是死于疾病，只有朝云死得最奇怪——她是被吓死的。

一个大活人居然会被吓死，什么东西那么可怕？竟然是广东菜。

据北宋地理学家朱彧《萍洲可谈》载：“广南食蛇，市中鬻蛇羹，东坡妾朝云随谪惠州，尝遣老兵买食之，意谓海鲜，问其名，乃蛇也，哇之，病数月，竟死。”苏东坡喜欢喝蛇羹，朝云也跟着喝，她刚开始以为是海鲜，喝得津津有味，喝完一问，才知道是蛇，吓得呕吐，就这样落下病根儿，过了几个月就去世了。

广东人爱吃蛇，爱炖蛇羹，由来已久。宋人张师正《倦游杂录》云："岭南人好啖蛇，易其名曰茅鳝，草虫曰茅虾，鼠曰家鹿，虾蟆曰蛤蚧，皆常所食者。"可见广东人民在宋朝就很生猛，不仅吃蛇，还吃老鼠。还有更生猛的，仍载于《萍洲可谈》："凡蝇蚋草虫蚯蚓尽捕之，入截竹中炊熟，破竹而食。"说明连蚯蚓都能拿来当食材。

《射雕英雄传》第二十回，美食家洪七公老师说蚯蚓是天下味道最不好的东西，有一回他生吃蚯蚓，肥得很，生吞下肚，都不敢过牙。洪七公是北丐，没到过广东，不然他会试着把蚯蚓放到竹筒里烧熟，肯定比生吞强得多。

其实只要做法得当，蚯蚓还是能吃的。多年前我媳妇坐月子，我用蚯蚓炖过一道催乳汤：从中药店里买来蚯蚓干，焯净，泡软，跟柴鸡一起炖，味道鲜美。不过我一直都没敢跟媳妇说那汤里长得像鱿鱼干的东西是蚯蚓，因为我怕她跟朝云一样"哇之"。

白煮和本味

做鱼之前，一般要腌一腌。怎么腌？鱼嘴里塞几粒花椒，鱼鳃里摁几粒胡椒，鱼肚里放半棵香芹，鱼背剞花刀，撒上盐，浇上料酒，用筛子盖住，一两个钟头以后煎炸蒸炖，味道鲜美。

腌鱼是为了去腥和入味，要是不腌，直接上锅蒸，总觉得不好吃。特别是北方池塘里的鱼，不腌就煮，无法入口，有一股青泥味儿，腥得很。

但是有人做鱼，通常不腌，例如宋朝人袁褧。

袁褧本是开封人，我的老乡。北宋灭亡后，他携家带口逃到杭州。杭州是临时首都，人满为患，房价奇高，袁褧买不起，带着家人躲进远郊一深山，盖房，开荒，过上了隐居生活。

人若没钱，隐居会很苦，袁褧的苦体现在两个方面：第一，没日没夜干农活，非常累；第二，粮食和蔬菜可以自种，食盐不能自己生产，而市场上的盐又很贵，一年到头难得吃上几回盐。袁褧会打猎，会捕鱼，隔三岔五用鱼肉打牙祭，却只能白煮，因为他缺盐。

白煮并不符合大众口味，好在人的适应性很强，吃多了就会习惯，习惯了以后就会上瘾。比如孔子听说周公爱吃菖蒲，也跟着学，刚开始，"缩颈而食之"，感觉非常难吃，缩着脖子才能咽下去，吃了三年，感觉一点儿也不难吃了，竟然迷上了这口。袁褧及其家小吃白煮的次数多了，也渐渐迷上了白煮，他们发现不加盐的鱼肉别有一番风味，细细品尝，极清极和，那是任何配料都无法提供的味道，心越静，那种味道越明显，自自然然浮上来，像水一样漾满整个世界。据说，这就叫"本味"。

现代人也追求本味，但我们说的本味不等于白煮。东北有白煮肉火锅，云贵有白煮鱼火锅，炖煮之前都不腌，炖煮的时候也不加盐，但是炖好以后却要蘸着调料来吃，调料碗里是有盐的，而且还不少。事实上，只有多少来点盐，才能激发出食物的本味，要是一点盐都不放，恕我接受不了。

我只吃过一回没盐的菜肴——在日本京都南禅寺吃汤豆腐，一碗清汤，里面浮着一大块豆腐，尝上一口，除了豆腐味儿，没有别的味儿。这道菜卖到三千日元，据说凡是去南禅寺的游客都要吃一回，否则等于白去。

有人说，汤豆腐去除了所有调料，就像一个人舍弃了各种贪欲，既能体验到豆腐的本味，又能体验到生命的"自性"。我感觉没这么玄乎，食客们可能就是给自己找个台阶下：跑大老远来吃一块白煮豆腐，要是不吃出一点神秘感，岂不是白花了三千日元！

宋仁宗爱吃蟹

据司马光叙述，宋仁宗打小儿就爱吃螃蟹，一顿不吃就馋得发慌，一吃起来就刹不住车。由于他螃蟹吃得太多，不知节制，最后吃出了病：头晕眼花，四肢麻木，咳嗽多痰，还经常便秘。

螃蟹是好东西，但是性寒，不宜多吃，吃多了可能会得风痰之症。什么是风痰之症？就是宋仁宗那些症状。

那时候宋仁宗还小，没有亲政，真正掌权的是他名义上的母亲刘太后。刘太后见小皇帝吃螃蟹吃坏了身体，当即下发懿旨："虾蟹海物不得进御！"（司马光《涑水纪闻》）不仅螃蟹，连虾都不让送到宫里来！

宋仁宗让太监宫女偷偷去外面饭店里买一两只螃蟹进来，大家都害怕刘太后严惩，不敢答应。这下可把宋仁宗给馋坏了。这时候另一个皇太后看不下去了，她是刘太后的好姐妹、亲自把宋仁宗抚养长大的杨太后。杨太后说："太后何苦虐吾儿如此？"刘太后为什么这么虐待我们家孩子啊？你不让他吃螃蟹，我让他吃！于是她"常藏而食之"，经常从秘密渠道弄些螃蟹给宋仁宗吃。

宋仁宗长大以后，对杨太后很感激，对刘太后却心怀怨恨。为什么怨恨刘太后？一是因为刘太后垂帘听政的时间太长，让他只能当一个傀儡皇帝；二是因为刘太后管他管得太严，不让他吃螃蟹。

欧阳修也爱吃蟹

宋朝大文学家欧阳修也很爱吃螃蟹。退休之前，他给大儿子欧阳发写信说："安徽阜阳（时称'颍州'）的猪羊肉确实没有京城鲜嫩，但是阜阳西湖所产的螃蟹可比京城街市上出售的螃蟹强太多了，而且价钱还很便宜，所以我晚年一定要搬到阜阳去住。"（参见《欧阳修集》卷一百五十三）

事实上，欧阳修晚年真的在阜阳西湖岸边买了地皮，盖了房子，喝酒吃蟹，悠游终日，过上了让苏东坡都非常羡慕的神仙生活。

苏东坡也是热爱吃蟹的典型。东坡著有《老饕赋》，描述自己最爱吃的几种

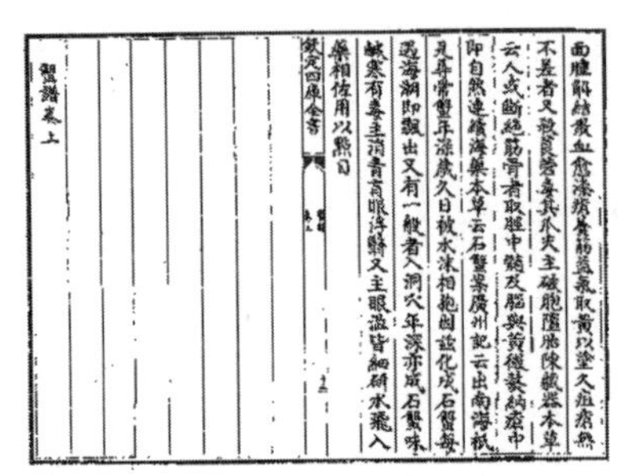

面體解結散血愈漆瘡養筋益氣取黃以塗久疽瘡無
不差者又[illegible]主破胞墮胎除瘀器本草
云人或斷絕筋骨者取髓中髓及腦與黃微熬納瘡中
即自然連續海藥本草云石蟹者廣州記云出南海
又尋常蟹年深歲久日被水沫相抱凝結化成石蟹每
遇海潮即飄出又有一般者入洞穴年深亦成石蟹味
鹹寒有毒主消青盲眼淫膚又主眼澀皆細研水飛入
藥相佐用以點目

欽定四庫全書　蟹譜　卷上

蟹譜卷上

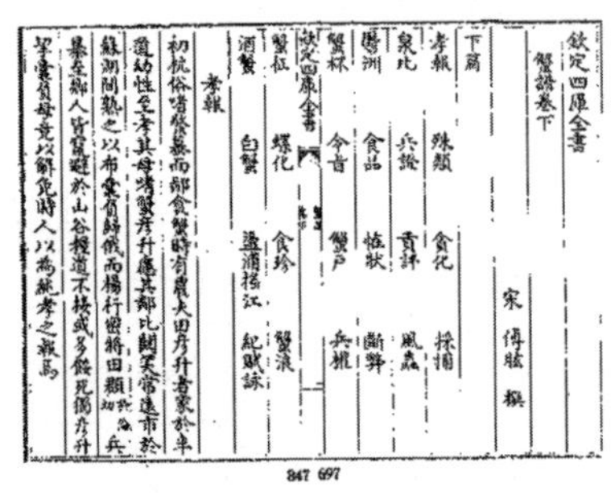

欽定四庫全書

蟹譜卷下

宋　傅肱　撰

下篇

孝報　殊類　貪化　採捕
泉比　兵證　貢評　風蟲
[illegible]洲　食品　性狀　斷[illegible]
蟹杯　令旨　蟹戶　兵[illegible]

欽定四庫全書　蟹譜　卷下

蟹伍　螺化　食珍　蟹浪
酒蟹　白蟹　遊浦搖江　紀賦詠

孝報

初杭俗嗜蟹[illegible]而鄰食蟹時有農夫田彥升者家於半
道幼性至孝其母嗜蟹彥升慮其鄰比鬭哭常遠市於
蘇湖閒熟之以布囊貯歸而楊行密將田頵[illegible]兵
暴至鄉人皆竄避於山谷樵道不接或多餓死獨彥升
[illegible]貧母竟以解免時人以爲純孝之報焉

847 697

［宋］傅肱《蟹谱》内文，文渊阁四库全书本。

美食："尝项上之一脔，嚼霜前之两螯。烂樱珠之煎蜜，滃杏酪之蒸羔。蛤半熟而含酒，蟹微生而带糟。盖聚物之夭美，以养吾之老饕。"

"项上之一脔"指的是猪脖子后面那一小块最嫩的肉，"霜前之两螯"指的是秋后螃蟹成熟时那两只蟹螯，"樱珠之煎蜜"指的是蜜饯樱桃，"杏酪之蒸羔"指的是蒸羊羔，"蛤半熟而含酒"是醉蛤蜊，"蟹微生而带糟"自然是指醉蟹。这篇赋里提到的六道菜，其中两道都跟螃蟹有关。

但最爱吃螃蟹的宋朝官员既不是欧阳修，也不是苏东坡，而是一位名叫钱昆的杭州官员。钱昆是吴越国王钱镠的子孙，在宋朝文学史上名气不大，却有一句话名垂青史——他考中进士并通过吏部的诠选以后，皇帝问他想去哪个地方当官，他说："但得有螃蟹无通判处，则可矣。"（《咸淳临安志》卷八十九）

通判近似于现在的副市长，但比副市长的权力大得多，当时的知州或知府想发布什么命令，判决什么案件，必须经过通判的签署才能通过。所以钱昆最想去没有通判的地方任职，这样就不用再受别人的制约了。为什么他又要求任职的地方必须有螃蟹呢？当然是因为他特别爱吃螃蟹。

用螃蟹辟邪

也有很多宋朝百姓热爱食蟹。

南宋洪迈《夷坚志》里提到了这样几个事例：

浙江湖州有个姓沙的医生，他的老母亲“嗜食蟹”，每年螃蟹上市之时，日日要买回家几十只，放到瓮里面让它们乱爬，看见哪个爬出来了，就先把它扔进锅里。如果把这个老太太一辈子吃的蟹都堆到一块儿，可以堆成一座蟹山。

江西洪州也有个老太太“好食蟹”，“率以糟治之”，说明她特别爱吃糟螃蟹。

江苏昆山有个姓沈的画家，爱吃蟹，还擅长烹蟹。他只靠画画不能养家，就一边画画，一边煮蟹卖钱。

孟元老《东京梦华录》描写北宋都城开封的小吃，说在当时最大的酒楼——潘楼下面，每天早上都有人摆摊卖蟹，螃蟹上市的季节卖鲜蟹，其他季节卖糟蟹。

周密《武林旧事》描写南宋都城杭州的饮食市场，说城里卖蟹的商贩太多，以至于不得不成立一个名叫“蟹行”的行业协会。

按常理推想，北宋开封和南宋杭州肯定生活着一大批热爱吃蟹的市民，要不然潘楼下面不会一年四季卖蟹，临安城里更不会出现卖蟹商贩组成的行业协会。

还有一些宋朝人没有口福，他们没有见过蟹，即使见了也不敢吃。

沈括在《梦溪笔谈》中写道，陕西的河流里不生长螃蟹，所以大多数陕西人一辈子都没有见过螃蟹。有一个陕西富人，不知从哪个渠道弄到一只螃蟹，直到风干了也没敢吃它，一直挂在墙上当装饰品。邻居去他家串门，一眼瞧见墙上挂的螃蟹，吓得扭头就跑，以为那是妖怪。后来邻居们去的次数多了，不再害怕，却又以为那只螃蟹可以辟邪，每当谁家的小孩子受了惊吓，他们就把那只螃蟹取出来，恭恭敬敬地挂到大门口，希望能把小鬼挡在门外，保护孩子不再受到惊吓。

蟹黄包子

《武林旧事》中列举的南宋包子将近二十种，其中一种名曰“灌浆”，指的自然是灌汤包子；还有一种名曰“蟹黄”，指的自然是蟹黄包子。现在的蟹黄包子同时可能是灌汤包子，如扬州的蟹黄汤包、宜兴的蟹黄馒头、烟台的灌浆蟹包，统统都是既有蟹黄又灌汤的，但宋朝的蟹黄包子是否灌汤就难说了。

现存宋朝史籍与宋朝食谱均未提及当时蟹黄包子的具体做法，只有南宋曾敏行《独醒杂志》讲了一则与蟹黄包子有关的故事，说是蔡京当宰相的时候，某天请几百个下属一块儿吃饭，吩咐厨子做蟹黄馒头（即蟹黄包子），饭后厨子算了算账，“馒头一味为钱一千三百余缗”。单做蟹黄包子就花了一千三百多贯。

这件事情发生在宋徽宗崇宁年间，时年米价一千二百文能买一石。宋朝一石米重约六十公斤，据此估算，当时一贯铜钱的购买力相当于现在人民币二三百元，蔡京请一顿蟹黄包子花了一千三百多贯，折合人民币三十多万元，真是奢侈到了极点！

当然，一顿三十多万元的蟹黄包子，不是蔡京一个人吃，是几百个人一块儿吃。现在扬州正宗的蟹黄汤包卖到五十元一小笼，刚好能哄饱一个人的肚皮，几百个人每人一笼，一顿几万块钱也够了，为何蔡京竟花费几十万元呢？

据我猜想，厨子贪污可能是一个原因，此外应该还有一个原因：古代的蟹黄包子很可能比现在的蟹黄汤包用料要地道。元朝生活手册《居家必用事类全集》里有一道蟹黄兜子（兜子是宋元时期头盔的俗称，蟹黄兜子即头盔状的蟹黄包子，近似蟹黄烧卖），做四个包子，需要用到“熟蟹大者三十只”“生猪肉一斤半”，可见那蟹黄绝对是真正的蟹黄，不是用鸭蛋黄冒充的。

跟鱼生说再见

宋朝的大文豪几乎都爱吃鱼生，苏东坡、欧阳修、梅尧臣、范仲淹、黄庭坚等都是鱼生的忠实粉丝。梅尧臣家里雇了一个女厨子，刀工一流，专门做鱼生。欧阳修年轻时在开封上班，每逢休假，一上街准买几条鲜鱼，拎到梅尧臣家里，让梅家的女厨师替他收拾（参见叶梦得《避暑录话》卷下）。

王安石变法前后，有个大官叫丁谓，也很爱吃鱼生。他在东京汴梁的家里挖了一个池塘，池塘里养着几百条鱼，平时用木板盖着，等客人一来，就掀开木板，钓上几条鱼，做成鱼生，现钓现做，现做现吃（参见邵伯温《邵氏闻见录》卷七）。

东京汴梁的老百姓也爱吃鱼生。据《东京梦华录》记载，每年阳春三月，京城西郊的金明池会开放几天，让市民钓鱼。这时候广大市民拎着鱼竿、扛着砧板、揣着快刀来到金明池畔，把鱼钓上来以后，就直接在岸边刮鳞去鳃，切成薄片，蘸着调料大吃起来。这种场面在宋朝叫作“临水斫鲙”，是东京汴梁的一大胜景。

众所周知，东京汴梁就是现在的河南开封。现代开封人喜欢钓鱼，却不喜欢吃鱼生，更加不可能钓完鱼亲手做鱼生，主要原因是怕腥，不想吃生鱼。大家去开封的时候可以找几个当地人随机访问一下，问问他们是否对鱼生感兴趣，我猜他们都会摇头说不。有些访问对象甚至连鱼生是什么都不知道，因为开封的大多数馆子都不卖这道菜，除了日本餐厅。

为什么宋朝开封人喜欢吃鱼生，而现代开封人却对鱼生不感兴趣呢？主要有两个原因：

第一，北宋灭亡以后，开封成了金国的首都，很多中原人民都跑到南方去了，换成女真人、契丹人和蒙古人在开封定居，这些少数民族没有吃鱼生的习俗。所以自金国以降，开封以及整个中原地区移风易俗，很快改变了吃鱼生的喜好，而这一喜好却在江浙和闽广保留了下来，那里正是北宋灭亡后中原人民迁居的地方。

第二，受少数民族不断南扩的影响，中国人的饮食习惯从元朝开始又发生了一次大变革，除了两广和福建一带，全国很多地方的人民都淡忘了吃鱼生的传统。如果有一条鱼，他们不是清蒸就是红烧，完全想不到还能生吃。

蔡京买鱼

宋徽宗大观末年（公元 1110 年），蔡京罢相，带着十四岁的儿子蔡绦去杭州居住。他走的是水路，坐的是大船。在他大船的旁边，时不时划过一些小船，船头站着渔民，向过往船只兜售刚刚捕捞上来的鱼虾。蔡京招招手，让一艘渔船靠近，问道："你的鱼多少钱一斤？"渔民见有主顾，满脸堆笑道："回您老，不论斤，十条只卖十五文。"说着从桶里摸出一条半尺来长、活蹦乱跳的鱼来，双手举着让蔡京看。蔡京见鱼不错，就让蔡绦数出三十文铜钱，买了二十条鱼。

买完鱼，蔡京吩咐继续开船，走没多久，忽听后面有人高喊："前面的客官，请等一等！"扭头一瞧，刚才卖鱼的那艘小船正飞快驶来。蔡京不解何故，跟儿子说："这个人可能是捕到了大鱼，赶过来向我们这些老主顾推销的吧？"说话间那渔民已经把船靠拢过来，只见他将一枚铜钱轻轻扔到了蔡京的甲板上，并解释道："刚才卖给您二十条鱼，应该收您三十文钱，可是您家公子没有数清楚，多给了一文，所以我必须把它还给您。"蔡京听了大受感动，无论如何不收那文钱，还要再加赏一些贵重东西，但都被那个渔民拒绝了，只见他掉转小船，消失在茫茫烟波之中。

多年以后，蔡绦在其著作《铁围山丛谈》中回忆起这件往事，犹自大发感慨："吾每以思之，今人被朱紫，多道先王法，言号士君子，又从驺哄坐堂上曰贵人，及一触利害，校秋毫，则其所守未必能尽附新开湖渔人也。"现在的大官言必称古圣先贤，好像很仁义，可是一旦涉及权位与名利，他们就锱铢必较、睚眦必报，我看他们的道德操守比那个渔民差远了。

想必蔡绦所说的大官不包括他爹蔡京，其实蔡京祸国殃民，坏事做尽，道德操守只怕更差。不过今天我们暂且不谈蔡京的道德，只谈他买的那些鱼。如前所述，从湖里刚刚捕捞上来的鱼，半尺来长，活蹦乱跳，二十条才卖三十文，真是便宜得很。

有宋一朝，鱼的价格通常比其他肉类便宜。陆游《买鱼》诗云："卧沙细肋何由得？出水纤鳞却易求。""两京春荠论斤卖，江上鲈鱼不值钱。"羊肉太贵买不起，早春的荠菜也论斤出售，颇为稀缺，唯独鲜鱼极为丰富，要多少有多少，花一点钱就能买到很多。

秦桧和乌鱼子

蔡京死后不到二十年，又一位大奸臣秦桧执掌了权柄。他主持和议，与金国签下停战协定，将宋高宗的母亲韦太后从金国迎接回来。这位韦太后是个酒鬼（每月要喝几十斤糯米酒），也是个吃货，爱吃一种名叫"子鱼"的鱼。

有一回，秦桧的老婆王氏进宫，陪太后闲聊，韦太后说："近日子鱼大者绝少。"王氏当即打保票说："妾家有之，当以百尾进。"（《鹤林玉露》甲编）原来您想吃子鱼，那还不简单？我们家就有大的，明天给您送一百条过来。

王氏出宫回家，跟秦桧说了这事，满以为秦桧会夸她巴结太后巴结得好。哪知道秦桧脸都气黄了："你傻啊你，怎么能说我们家的子鱼比宫里的还大呢？宫里没有大子鱼，我们家倒有，而且有一百条那么多，敢情我们比皇上还要阔，这要是让皇上知道了还了得！"王氏慌了神："那可怎么办？我的话都说出去了，明天要是不给太后送一百条子鱼，岂不犯下欺君之罪？"秦桧拍拍脑袋，想出了一个绝妙的主意。第二天，他找来一百条青鱼，让老婆送到了宫里，还教导老婆说："你见了太后，就说这就是大个的子鱼。"

韦太后吃过子鱼，当然分得清子鱼和青鱼，她指着王氏的鼻子哈哈大笑："你说你们家有子鱼，我压根儿不信，原来你说的子鱼就是青鱼啊！”王氏红着脸叩头谢罪，连说自己愚蠢，没见过真正的子鱼长什么样，把太后蒙骗过去，一场危机就这样化解了。

现在问题来了：这则故事里的子鱼到底是一种什么鱼呢？

子鱼其实就是我们现在说的鲻鱼。鲻鱼跟青鱼很像，都是体型宽大、背青腹白，二者外观上的关键区别在于鱼眼：鲻鱼是黑眼圈，青鱼是红眼圈。但是青鱼很便宜，鲻鱼就贵得多了。你想啊，连太后都不能获得充足的常例供应，这种鱼肯定稀缺，且价格昂贵。

北宋王得臣《麈史》记载：“闽中鲜食最珍者，所谓子鱼者也，长七八寸，阔二三寸许，剖之子满腹，冬月正其佳时……”福建出产鲻鱼，到了冬天能长到七八寸长、两三寸宽，肚子里满是鱼卵，是当地最珍贵的食材。

我们知道，将鲻鱼卵取出漂净，加工成型，就是闻名天下的乌鱼子。现在乌鱼子假货太多，真空包装，颜色橙黄，好像用哈密瓜做成的瓜干，一包只卖几十元。假如是真的，那可就贵了，巴掌大一小块，没一千块钱根本买不到，顶级货甚至要价上万元。

乌鱼子贵是贵了点儿，但味道确实好：片成薄片，用喷枪烤，用酒精烧，或者抹上米酒，搁平底锅里煎一煎，火候恰到好处，又软又糯又弹牙，入口即化，唇齿留香，王得臣称之为“闽中鲜食最珍者”，真是一点都没有夸大。

不过现存的宋朝饮食典籍中并没有记载鲻鱼的烹调方法，我们不知道韦太后爱吃的究竟是鲻鱼的肉，还是鲻鱼的卵。如果她爱吃鲻鱼卵，我们也不能就此认为宋朝人已经掌握了加工乌鱼子的方法，因为鱼卵的吃法有很多，可以清蒸，可以煮汤，可以搭配鸡蛋爆炒，未必非要先加工成致密且美观的乌鱼子，然后再拿喷枪来烤。

鲍鱼之肆

遥想当年，秦始皇在考察途中猝死，随从大臣秘不发丧，跟往常一样去他的专车上早请示、晚汇报，沿着官道返回咸阳。天热路远，没有冰箱，秦始皇的尸体很快腐烂，车里散发出阵阵恶臭。为了防止人们起疑，随从弄了一车鲍鱼跟在后面，试图让人相信那些臭味来自后面的鲍鱼，而不是皇帝的专车。结果他们成功了。

这段故事载于《史记》，人所共知。以前我没文化，一读到这段就怀疑那些随从大臣的智商：鲍鱼是名贵食材，怎么会有臭味？

读书多了，才知道《史记》里的鲍鱼并不是现在有钱人吃的那种名贵海鲜，而是臭咸鱼。当然不只《史记》，“四书”、《汉书》《三国志》《新唐书》《旧唐书》《五代史》和《宋史》，元代以前所有典籍里的鲍鱼其实都是臭咸鱼。过去有个成语叫“鲍鱼之肆”，本义就是指很臭很臭，好像走进一家店铺，里面正在卖臭咸鱼，臭味儿铺天盖地，能砸你一跟头。

宋朝语境自不例外，如果你瞧见宋朝人给你写出“鲍鱼”两个字，不用问，他指的准是臭咸鱼。但如果他只写一个“鲍”字，那就不是臭咸鱼了，而是牡蛎，牡蛎在宋朝被称为“鲍”。宋朝有一款名叫“滴酥鲍螺”的可爱小点心，就是用奶油挤出扁扁的、带螺旋的花式造型，状如牡蛎和海螺。

宋朝不是没有鲍鱼，可是在宋朝人笔下，鲍鱼不能写成鲍鱼，只能写成“鳆鱼”。《苏轼文集》里有苏轼写给朋友腾达道的一封信：“鳆鱼三百枚、黑金棋子一副、天麻煎一部，聊为土物。”意思是说，他给人家寄过去三百只鲍鱼以及别的名贵土产。那时候苏轼正在山东登州做知府，鲍鱼是登州最有名的特产。

苏轼有一至交叫陈师道，是诗人，也是美食家，对茶和海鲜颇有研究。他认为大宋境内有四绝：洪州的双井茶是一绝，越州的日注茶是一绝，明州的江珧柱是一绝，登州的鲍鱼是一绝，这四绝之中，又数登州的鲍鱼最为难得（参见陈师道《后山谈丛》卷二)。行文至此，我忽然感觉苏轼做错了一件事，他应该把那三百只登州鲍鱼寄给陈师道才对嘛！

宋朝的鲍鱼

宋朝人把鲍鱼写成“鳆鱼”，这种写法其实很传统，早在汉魏时代就这样写。《汉书·王莽传》：“莽军师外破，大臣内畔，左右亡所信……莽忧懑不能食，亶饮酒，啖鳆鱼。”王莽接连吃败仗，愁得吃不下饭，喝闷酒，吃鲍鱼。

再如曹植在祭父文中写道：“先主喜食鳆鱼，前已表徐州臧霸送鳆鱼二百。”曹操活着时爱吃鲍鱼，所以曹植写信让地方官送来两百只，希望曹操的在天之灵可以继续享用。

王莽跟曹操都是大人物，他们爱吃，也吃得起，换成普通老百姓，想吃鲍鱼就很难了，因为鲍鱼很贵。《南史·褚裕之传》记载，南北朝时某大官收礼，收了三十只鲍鱼，“门生有献计卖之，云可得十万钱。”三十只能卖十万钱，一只鲍鱼卖多少？三千钱还要多。当时半数穷人全部家产不到两万钱，砸锅卖铁都买不起几只鲍鱼。

宋朝的鲍鱼倒没这么贵，因为宋朝出产鲍鱼的地方比较多。隋唐以前只有山东出产鲍鱼，到了宋朝，广东、浙江、福建都产鲍鱼，只是没有山东鲍鱼有名罢了。宋朝鲍鱼相对便宜，还有一个重要原因就是常年从日本输入“倭螺”。什么叫倭螺？就是日本鲍鱼。当年北宋人在东京汴梁可以买到倭螺，就像我们可以在大型超市里买到物美价廉即开即食的吉品鲍一样。

相比之前的朝代，宋朝鲍鱼是便宜了，但跟其他食材相比，鲍鱼仍然是贵重食品。宋朝有个官员叫葛胜仲，在浙江当官，却想方设法向山东的同僚弄些鲍鱼尝尝。他有一首很直白的诗，诗题就是《从人求鳆鱼》，头两句是这样写的：“海邦郏莒固多品，此族称珍乃其伯。”我们这儿地大物博，海鲜很多，不过还是鲍鱼珍贵啊！宋朝还有一个名叫杨彦龄的人，他说："鳆鱼之珍，尤胜江珧柱，不可干至故也。"（杨彦龄《杨公笔录》）江珧柱够珍贵了吧？鲍鱼比它还珍贵，为什么？江珧柱适合制成干货，风味不减，鲍鱼只适合鲜吃，一做成干货就会失去原来的味道，而鲜货不好运，所以更显出鲍鱼的珍贵。

从杨彦龄的话可以看出，宋朝人加工鲍鱼的技术比我们现在差得远呢！

宋朝有鱼翅和燕窝吗

在我们中国，每当说起"燕鲍翅"，一定会让人联想到高档宴席。没错，燕窝、鲍鱼、鱼翅都是中餐宴席上的高档菜品。

问题来了，它们是从什么时候成为高档菜品的呢？

鲍鱼的历史最为悠久，至少从汉朝时就上餐桌了；鱼翅上餐桌的时间则要比鲍鱼晚一些，时间大概就是宋朝。

我查阅宋朝食谱，发现宋朝人把鲨鱼叫作"沙鱼"，他们将鲨鱼肉切成薄片生吃，名为"沙鱼脍"；也将鲨鱼皮煲汤，名为"沙鱼衬汤"；还喜欢把鲨鱼皮煮软，剪成长条，浇上清汤，铺上菜码，像吃面一样吃完，名为"沙鱼缕"；最关键的是，宋朝食谱中还出现了一道"沙鱼翅鳔"，居然是用鲨鱼鳍制作的干品，就跟现在市面上卖的鱼翅一样，烹饪之前需要泡发。

鲍鱼在汉朝入馔，鱼翅在宋朝入馔，那么燕窝呢？它姗姗来迟。

嘉庆四年（公元 1799 年），正月初八，嘉庆皇帝抄了巨贪和珅的家。那天和珅毫无准备，吩咐家厨烹调燕窝，给自己和各房妻妾每人一碗。燕窝炖好了，抄家的士兵也进门了，和珅和家人被看管起来，士兵开始享用他们的佳肴。碗里这些白乎乎的东西是什么呢？士兵们都不认识，只管吃，吃起来又滑糯又弹牙，于是纷纷猜测："这是绿豆粉丝吧？""瞎扯，绿豆粉丝哪有这么好吃？这一定是和大人从洋商那儿贪污的洋粉丝！"

这段历史载于《眉庐丛话》，是晚清况周颐写的笔记。清朝的士兵不认识燕窝，说明燕窝比较稀罕，普通人吃不到。查阅清宫食谱，慈禧太后的膳单里有很多燕窝，例如，咸丰十一年（公元 1861 年）十月初十那天早上的膳单中有四道“福寿万年大碗菜”：燕窝福字锅烧鸭子、燕窝寿字白鸭丝、燕窝万字红白鸭子、燕窝年字什锦攒丝，全是燕窝挂帅。

明朝皇帝也吃燕窝。明朝末年的小册子《烬宫余录》中写道：“上嗜燕窝羹，膳夫煮就羹汤，先呈所司尝，递尝四六人，参酌盐淡，方进御。”崇祯皇帝很喜欢喝燕窝汤，御厨炖好，先让太监品尝，好几个太监依次尝过，确定汤里没有下毒，汤味咸淡刚刚好，再送给崇祯享用。

另一本明朝小册子《见闻杂记》记载，早在嘉靖皇帝当政时，监察御史到江南视察工作，各府衙门都要按照惯例设席款待，席上一定要有燕窝，如果买不到，那就要折现，把与燕窝价值相当的银子塞给御史大人。等到视察完毕，临走还要再送给御史盘缠，盘缠里一般要有两斤重的燕窝，如果买不到，同样折现。

有传言说，中国人本来不懂吃燕窝，直到郑和下西洋，船队遇上风暴，停泊到马来群岛的一座岛屿上，无意中发现悬崖峭壁上的燕窝，郑和下令采摘食用，返程时将剩余的燕窝献给明成祖，从此燕窝才在中国餐桌上流行开来。

这个传说靠谱吗？答案是否定的，燕窝出现在中国，肯定比郑和下西洋要早。

明朝初年有一位百岁老人贾铭，他生在南宋，活在元朝，死在明初。临终前，他出版了一本关于食疗和养生的著作《饮食须知》，第六卷已经提到燕窝：“味甘，性平。黄、黑、霉烂者有毒，勿食。”燕窝的味道是甜的，药性是平的，可以吃。如果燕窝发黄发黑，或者霉烂，那就有毒了，不能吃。

贾铭关于燕窝的记载很简略，还有错误（燕窝发黄并不能证明有毒），但他是现存文献中记载燕窝能吃的第一人。他大半辈子在元朝生活，在明朝建立不久就寿终正寝了，说明燕窝在元朝或者明初时就已经被一部分中国人吃到了。至于宋朝，存世文献中根本找不到食用燕窝的纪录，可能宋朝人还没有发现燕窝可以吃。

第五章

饮食器具

快把瓷器拿走

清末民初，广州有个收藏家许守白，喜欢收藏瓷器，尤其喜欢收藏宋瓷。他说，中国制造以瓷器为第一，历代瓷器又以宋瓷为第一。

许守白说得没错，宋代制瓷工艺确实很发达，宋瓷在古玩市场上也很受推崇。可是如果你回到宋朝请客吃饭，如果你想在宋朝客人面前摆阔，餐桌上可千万不要出现瓷器，哪怕是再精美的瓷器，哪怕是地地道道的宋瓷，也不要摆到餐桌上去。

我的意思是，虽然近现代人把宋瓷当宝贝，可是宋朝人却不把宋瓷看在眼里。事实上，宋朝人不把任何一朝的瓷器看在眼里。宋朝人也玩收藏，他们收藏字画，收藏古玉，收藏钟鼎，收藏青铜器，就是不收藏瓷器。在他们心目中，不管哪个朝代的瓷器，都只是一种生活用品，而且是相当廉价的生活用品。

想知道瓷器在宋朝有多么廉价，看看出土的宋瓷就知道了。河北出土过宋朝的白釉刻花莲瓣碗，碗底刻着售价“叁拾文足陌”；福建出土过宋朝的褐釉瓷瓜楞盖碗，盖底也刻着售价“叁拾文”。这两样瓷器拿去拍卖，都是上亿的价钱，在宋朝只卖三十文罢了。宋真宗大中祥符二年（公元 1009 年）秋天，三十文只能在京城开封买一斗小麦（参见《西塘集》卷一）！

可能正是因为瓷器便宜，所以宋朝的贵族和有钱人对瓷器并不喜爱。不过也可能是因为贵族和有钱人对瓷器并不喜爱，所以瓷器在宋朝才特别便宜。反正不管是什么原因，瓷杯、瓷碗、瓷碟、瓷盘这些最常见的瓷质餐具在宋朝宫廷里并不常见，在宋朝的大饭店里也不受待见。《东京梦华录》罗列北宋宫廷餐具，只提各种各样的金银器，最次的就是红漆木盘，瓷器一个都没有。《夷坚志》描绘南宋小康之家招待宾客所用的酒具：“手捧漆盘，盘中盛果馔，别用一银杯贮酒。”坚决不用瓷器。开封府州桥下有一个王家酒楼，招待顾客分三六九等，最上等用金盘盛菜，其次用银盘盛菜，再次用木盘盛菜，最差才用白瓷盘（参见《宋元小说家话本集》，齐鲁书社 2000 年 2 月第 1 版）。

既然贵族和有钱人都瞧不起瓷器，那宋朝制造的瓷器都卖给谁呢？一是卖给买不起金银器和漆器的穷人，二是出口给没见过世面的外国人。穷人很多，外国人也很多，所以几大名窑依然生意兴隆。

玻璃碗

《阿弥陀经》说，西方极乐世界有七种宝贝：黄金、白银、琉璃、玻璃、砗磲、玛瑙、赤珠。

“砗磲”指白色的海贝，“赤珠”指红色的珍珠。砗磲、珍珠、黄金、白银和玛瑙都算得上是贵重之物，可是琉璃和玻璃为什么贵重呢？这两样东西怎么配进入七种宝贝的行列中去？

后人给佛经做注释，说琉璃其实不是琉璃，而是青玉；玻璃也不是玻璃，而是水晶。恕我不敢苟同，鸠摩罗什翻译《阿弥陀经》的时候，中国已经进入南北朝时期，青玉、猫眼、水晶等矿物虽然不是司空见惯，也是社会生活中可以碰到的东西，而且当时汉语里已经有了“青玉”和“水晶”这两个概念，如果西方极乐世界里的七宝包括青玉和水晶，译经大师鸠摩罗什为什么要写成琉璃和玻璃？

北宋舍利玻璃瓶，浙江省温州市瑞安县慧光塔出土。

鸠摩罗什把梵语里的七宝译成琉璃和玻璃，也许译得并不准确，但是那时候琉璃和玻璃在中国乃至整个东方世界确实是非常珍贵的物品，完全可以跟黄金、白银、砗磲、珍珠、玛瑙并列为七宝。南北朝以降，直到清朝中叶，琉璃和玻璃在中国仍然是贵重物品。历代帝王的大殿为什么要用琉璃瓦？圆明园里的离宫为什么要用玻璃窗？《西游记》里卷帘大将打碎了一只琉璃盏，为什么会被贬到凡间？就是因为它们贵重啊！

琉璃在中国本土可以烧制，玻璃却主要来自进口和朝贡，所以玻璃比琉璃还要贵重。当年李白给儿子取名叫为天然，小名“颇黎”（“颇黎”跟玻璃是一个意思），说明他把儿子当成玻璃一样的宝贝。宋朝人的餐具里面，玻璃盏和玻璃碗的贵重程度不亚于金银器皿，甚至比金银器皿还要珍贵，因为数量太少。

我读过宋朝著作《宝货辨疑》，该书将玻璃与金银、玉器、玛瑙、水晶、琥珀、珊瑚、珍珠、猫眼、玳瑁、犀角、象牙、龙涎香等贵重物品相提并论，还说当时已有国产玻璃餐具，但品质不如进口货，所谓“南番酒色紫玻璃，碗碟杯盘入眼稀”，意思是输送到中国的玻璃餐具品质优良，非常罕见。

宋朝有个叫李光的诗人，别人送他一只玻璃碗（注意，不是一套），他兴奋极了，把玩了半天，还是觉得这个礼物过于贵重，又还给了人家，还在信里说：“何用是宝器哉！”寻常过日子，怎么能用这么宝贵的器具呢？

由此可见，如果你在宋朝请客，餐桌上摆出一套瓷杯瓷碗，也许人家会说你抠门；摆出一套金杯银碗，也许人家会说你俗气；如果摆出一套玻璃杯玻璃碗，必定万众瞩目，人人惊艳。

勺子和筷子

南北朝以前，中国人还没有学会炒菜，加工菜肴只有这么几种方式：一是腌制，二是烧烤，三是切成丝或者切成片，蘸着调料生吃，四是放到滚水里面猛煮。

加水煮熟曾经是我们最主要的做菜方式，无论是肉、鱼，还是蔬菜，都可以放到锅里煮。过去的锅很原始，早先都有三条腿，叫作鼎或者鬲，用青铜铸成。青铜其实是铜、铅、锡的合金，有毒，熔点也低，火不能太猛，烧煮时间也不宜太长，否则鼎或者鬲的那三条腿会软化，稀里哗啦翻倒在地，一锅肉就没法吃了。所以在铁锅发明以前，用鼎煮肉不一定能煮到烂熟。

肉不熟怎么吃？得跟欧洲人吃牛排一样，先用刀切成小块，然后用叉子扎起来吃。如果直接用筷子扎，那是扎不动的。所以战国以前，中国人吃饭离不开刀叉。

战国时期的青铜匕，现藏四川省博物院。

战国以后，餐叉慢慢绝迹，被功能更加强大的筷子代替；餐刀也被改良成一种勺端带尖或带刃的长柄浅勺，古人称之为“匕”。从此以后，匕和筷子结成最佳拍档，在中国人的餐桌上流行了近两千年。敦煌莫高窟第四百七十三号窟的壁画上有唐朝人聚餐的场面，男女九人围坐在一张长长的餐桌旁边，每人面前都横放着一双筷子和一把匕，筷子用来夹菜，匕用来吃饭，同时兼具切肉的功能。

宋朝人吃饭，筷子为主，匕为辅。穷苦老百姓家里则只有筷子，而没有匕。但是上等人进餐，匕和筷子一样都不能少，而且它们分工明确：筷子只能用来夹菜，如果想把米饭送进嘴里，则必须用匕，用筷子夹米饭是一种很没有教养的表现。

欧洲人吃饭，右手拿刀，左手拿叉，左右开弓，双管齐下。宋朝人吃饭却跟印度人相似，只能用右手（左撇子例外），用右手拿筷子，也用右手拿匕，也就是那种带刃儿的浅勺子。当然，右手不可能同时拿匕和筷子，得像理学家朱熹说的那样：“举匙必置箸，举箸必置匙。”拿筷子的时候就要放下勺子，拿勺子的时候就要放下筷子。

在唐朝和北宋，人们不讲卫生，去拿勺子的时候，筷子就直接放在餐桌上，容易沾上不干净的东西。到了南宋，有人发明出一种“止箸”，是用竹子刻的，一寸来高，一寸来长，上面刻着半月形的缺口，可以把筷子安放在上面（孔齐《至正直记》卷一《止箸》）。这种东西现在也有，一般是瓷质的，摆在客人手边，每人一件，造型优美，我们称之为“筷枕”。

筷枕，又名筷托，南宋时称为“止箸”。

宋高宗的公筷

在清朝宫廷里，每个人吃饭都有“分例”，也就是规定的供应指标。皇帝的“分例”当然最多，清朝中后期，一个皇帝每天的“分例”包括一只羊、五只鸡、三只鸭、二十七斤猪肉、一百斤牛奶、六十斤萝卜、十九斤白菜、三十个馒头、七十五包茶叶。这么多东西，皇帝能吃完吗？肯定吃不完。吃不完怎么办？赏给身边的宫女和太监，赏给他喜欢的妃子或大臣。

最喜欢烧包的西太后慈禧就喜欢这么做，她的“分例”赶超皇帝，她每顿饭要端上两个火锅、四碗大菜、四碗素菜、六盘炒菜、四种面点和一整只挂炉鸭子，外加一整只挂炉烤猪，燕窝粥和鱼翅面之类的补品另算。她还少食多餐，每天吃六顿饭。结果她每顿饭都要剩下一大堆食物，她每次都很慈祥地把这一大堆剩菜分赏给嫔妃和王公，而那些人还都以尝到老佛爷的剩菜为荣，好像拿到了名人签名的珍版书一样。

但从现代医学的角度来看，别人吃剩下的菜并不卫生，不管她是老佛爷还是别的人，都有可能传染疾病。可是清朝人不在意，清朝的皇帝和皇太后似乎也没有这么科学的理念。

相对来说，宋朝的皇帝表现就挺好。例如宋仁宗，敢于打破“分例”，每天只让御厨供应一斤羊肉和两斤面食，节省了大量食材。再如宋高宗，他的“分例”虽多，日常饮食却很节俭，还懂得用公筷给受赏者夹菜，避免把自己的唾液“传染”给别人。

明朝人田汝成辑录的《西湖游览志余》记载了宋高宗的用膳习惯：“必置匙箸两副，食前多品，择取欲食者，以别箸取，置一器中，食之必尽。饭前则以别匙减而后食。吴后尝问其故，曰：不欲以残食与宫人食也。”

这段话的意思是说，宋高宗每顿饭都要摆上两双筷子和两只勺子，其中一双筷子是公筷，一只勺子是公勺。凡是他认为自己爱吃而且吃得完的饭菜，都先用公筷和公勺分到一个大盘里，然后把大盘里的饭菜吃个干净，将剩下的那些饭菜分赏给宫人。皇后问他为什么要这样做，他说：朕不想让别人吃我的剩菜嘛！

御茶床

唐朝有个叫彭博通的人是个大力士，有一回他和另外三个大力士打赌，自己躺到床上，脑袋压着枕头，让那三个力士去拽，要是能把枕头拽走，他就认输。结果你猜怎么着？仨人把吃奶的力气都用上了，愣是没拽走枕头，最后猛一使劲，咔嚓一声，床腿都折了，彭博通仍然躺在床上，他脑袋下面的枕头仍然纹丝不动。

还有一回，彭博通请朋友在自家院子里吃晚饭，“独持两床降阶，就月于庭，酒俎之类，略无倾泻矣”（韩琬《御史台记》）。他在屋里收拾好两桌酒菜，然后一手端起一张桌子，从台阶上走下来，桌子上的汤汤水水一点都没洒出来。

彭博通的事迹是唐朝人韩琬写的，韩琬原文里两次提到床，前一张床确实是床，后面说彭博通“独持两床降阶”，那床已经不是床，而是餐桌了。

“床”这个字在唐朝有多种含义，有时候指床，有时候指马扎（胡床），有时候指交椅（交床），有时候则指餐桌。李白《静夜思》：“床前明月光，疑是地上霜。举头望明月，低头思故乡。”这首诗的床就是马扎或者交椅。估计诗仙当时睡不着，正在院子里坐着，如果在屋里躺床上睡觉，那他举头望见的就不是明月，而是天花板了。

到了宋朝，床的含义变得纯粹，一般是指卧具。但是也有例外，譬如南宋词人刘克庄的《一剪梅》：“酒酣耳热说文章，惊倒邻墙，推倒胡床。”能推倒的床肯定是坐具，如果是席梦思，那是推不倒的，只能掀翻。

宋朝还出现一种茶床，皇帝举行正式宴会的时候会用到，而且只有皇帝本人能用，大臣统统没有。这种床其实是皇帝专用的餐桌，因此又叫“御茶床”。

御茶床很小，也很矮，桌面三尺来长、两尺来宽，高度只有六寸。宋朝皇帝的龙椅是很高的，超过三尺，而御茶床的高度只有六寸，两者明显不成比例，难道让皇帝趴着吃饭不成？当然不是，皇帝大宴群臣的时候，他面前还有一张比较高的桌子，通常办公时候用，也就是戏曲里常说的“龙书案”，太监们帮皇帝把御茶床搬到龙书案上，高度刚刚好，什么时候酒足饭饱，再把御茶床撤下去就行了。

茶床和祝寿

宋高宗退位当太上皇后，住在德寿宫里。有一年他过生日，宋孝宗领着皇太子和文武百官给他祝寿，那谱摆得可大了！《宋史》用了将近一千个字来描述祝寿的全过程，容我用白话文转述一下：

祝寿前一天，有关部门把德寿宫收拾得喜气洋洋，大殿北面正中摆上宋高宗的龙椅和龙书案，龙书案西侧放一张御茶床（也就是让宋高宗喝酒吃菜时用的低矮小餐桌），龙书案东侧放着酒樽、酒杯和洗杯的水盆，再往东铺上一块褥子，龙书案南侧也铺上一块褥子。出了大殿往南走，外面用鲜花、竹篾和金银丝扎了很多牌楼。

生日那天，皇帝、皇太子和文武百官浩浩荡荡前往德寿宫，皇帝在前，太子在后，文武百官分成东西两排，恭恭敬敬走进大殿，等着宋高宗出来受礼。过了一会儿，宋高宗从内殿出来，往龙椅上一坐，太子和百官立马磕头，皇帝则要去宋高宗龙书案南侧那块褥子上磕头。磕完头，皇帝站起来，躬身致辞，祝太上皇万寿无疆，然后去龙书案东侧站着。紧接着皇太子和百官一起致辞，也祝太上皇万寿无疆。

这时候从内殿出来一个太监，把御茶床端起来，摆到龙书案上面。然后殿中省的几个官员跪到龙书案东侧的褥子上，一人取杯，一人洗杯，一人倒酒，另一人把酒杯交给皇帝。皇帝把酒杯放到御茶床上，宋高宗拿起来，一饮而尽。皇帝再走到龙书案南侧，在褥子上磕头，底下站着的太子和百官也跟着一起磕头。皇帝再次致辞："臣昚（宋孝宗名叫赵昚）率文武百僚稽首言，天申令节（宋高宗的生日为法定节日，称为天申节），臣昚与百僚不胜大庆，谨上千万岁寿！"宋高宗让皇帝和百官免礼平身。如此这般敬过酒、祝过寿，太监从御茶床上撤下酒杯，再从龙书案上撤下御茶床，祝寿才算结束。

在上述祝寿过程中，御茶床是很关键的陈设：摆上御茶床，才能开始敬酒；撤下御茶床，敬酒必须结束。但御茶床也只是在正式御宴上象征性地使用，宋朝皇帝平常吃饭，另有大型餐桌。

插山和食屏

春秋以前的饮食器具跟今天差别太大，锅碗瓢盆不是带腿儿，就是带座儿。带腿儿的大多是炊具，例如鼎和鬲，本质上都是锅，但是底下有三条腿，鼎腿是实心的，鬲腿是空心的。带座儿的一般是餐具，例如笾和豆，本质上都是盘子，但是底下有一圈基座，笾座是用竹子编的，豆座是用金属铸的。

炊具之所以带腿儿，是因为上古之人还没有发明灶台，做饭得在平地上生火，要是不用三条腿把锅支起来，很难把肉煮熟。餐具之所以带座儿，是因为上古之人习惯跪在地上吃饭，餐具也是摆在地上，底下如果没基座撑着，那些碗、盘子之类的器具就得沾土了。

春秋以降，炊具和餐具一直闹革命，等到宋朝的时候，这些都跟现在一模一样了。假如你请一个宋朝人到家里做客，他不用你指点，就懂得拿起筷子夹菜，端起饭碗盛饭。你给他倒一杯酒，他也照样一饮而尽，丝毫不会觉得用起酒杯来有什么困难。当然，你家厨房里那些电器肯定会让他感到惊奇和迷茫无助。电饭锅、电磁炉、电烤箱、微波炉，宋朝人统统没见过，但是这些现代化的炊具无非是换了一种新型燃料而已，在烹饪原理上还是没有跳出传统炊具的窠臼。

相反地，宋朝有过一些非常有创意的传统餐具，在今天反而找不到了。比如说南宋士大夫请客吃饭，宴席上有时候会用到插山和食屏。插山是玲珑剔透的木雕，雕成蓬莱仙山的样子，把菜碟一层一层地放上去，往宴席中一摆，本来平铺直叙的菜肴一下子有了立体感。

食屏就是隔菜碟用的小屏风。一张八仙桌上摆满菜肴，有荤有素，有凉有热，主人可以在菜碟之间放几张高半尺长一尺的屏风，把荤菜隔到一个“包间”里，把素菜隔到一个“包间”里，把甜点隔到另一个“包间”里。爱吃荤菜的客人不妨坐得靠近荤菜区，正在吃斋的客人不妨坐得靠近素菜区，不怕发胖的客人可以到甜点区就座。俗话说物以类聚、人以群分，餐桌上有了这些小屏风，菜也以类聚、以群分了，吃着吃着，你会产生一种错觉，貌似那些菜都成了人，一群在这个包间聚会，一群在那个包间聚会，这样你就把美食吃成了童话。

仰尘和盖碗

宋理宗时，贾似道当权，有个太学生批评他，说他有两大罪状。

罪状一，过于铺张。贾似道给母亲过大寿，上巨型果盘，层层叠叠往上摞，状如金字塔，高达一两丈，其中一个果盘没摆好，水果轰隆一声滚下来，居然把坐在旁边的宾客压死了。

罪状二，过于浪费。贾似道家吃馒头，从来不吃馒头皮，馒头出锅，揭了皮儿才吃，男女老少，上上下下，一年浪费几百斤粮食。

贾似道确实有罪，罪还不少，但拿巨型果盘和浪费粮食说事儿，实在有些避重就轻。譬如揭馒头皮，那是人家的饮食习惯，搁到现在，吃馒头去外皮的人多了去了，也不至于算是有罪。

即使在宋朝，不吃馒头皮的也不止贾似道一家。南宋周辉说过："笼饼、蒸饼之属，食必去皮，皆为北地风埃设。"笼饼即包子，蒸饼即馒头，北方人吃馒头去皮，吃包子也去皮，因为北方干燥，有"风埃"，大风刮上细尘，吃了牙碜，不揭皮不行。

宋朝尘土多，特别是北方城市，街道用黄土铺成，雨天满街泥，晴天漫天沙。一起风，家家户户都落尘埃，书柜得收拾，厨房也得收拾，拂尘一物必不可少。所以素有洁癖的大书法家米芾择婿，挑了一个名叫段拂的青年。段拂字去尘，米芾老师开心地说："既拂矣，又去尘，真吾婿也！"名字这么干净，真是我理想中的女婿啊！

台北故宫博物院现藏的北宋定窑白瓷茶碗，有托无盖。

由于尘土多，宋朝大户人家宴请宾客，要专门雇人搭帷幕，架仰尘，没有这两样东西不能开饭。帷幕是布做的，围在餐桌四周用来挡风；仰尘是一种简易的天花板，先用高粱秆编出骨架，上面再盖一张大竹席，把这东西架到头顶上，可以挡住从天而降的尘土，防止它们落到碗里去。小时候我家也有仰尘，铺设在老宅的两根大梁上，人在底下吃饭，不用担心灰土和老鼠屎，否则就得打着伞吃饭了。

吃馒头去皮，请客架仰尘，好像宋朝人很讲卫生，但是在喝茶方面，宋朝人的卫生意识就不如清朝人了，因为清朝人喝茶用盖碗，宋朝人喝茶不用盖碗。为什么不用？也许是害怕茶汤被盖子焖住，产生熟汤气，影响茶香。

南宋龙泉窑莲瓣纹盖碗，现藏四川遂宁宋瓷博物馆。

宋朝人只在端饭的时候会用到盖碗。饭一做好，从厨房端到堂屋去吃，要过院子，院子里灰尘比较大，用盖碗比较卫生。

劝杯

《水浒传》第二十四回，武松跟武大郎夫妇喝酒，酒至五巡，武松讨了一副劝杯，斟满酒，请武大郎喝。武大郎接过来，一饮而尽，把杯子递给武松。武松又斟满一杯，去敬潘金莲，潘金莲赌气不喝，推开酒杯，噔噔跑下楼去。

请注意，武松敬酒，用的是劝杯。劝杯也是杯，但跟其他酒杯不同，这种杯主要用来敬酒，偶尔也可以用来罚酒。

古代还有一种劝盏，功能跟劝杯一样，样式上略有区别。劝杯一般都有一个小小的把手，敬酒的时候，一手握着把手，一手托着杯底，端到客人跟前，放开把手，改成双手托杯，以示恭敬。劝盏没有把手，敬酒的时候需要一个小托盘，宋朝人把它叫作“劝盘”。劝盏斟满，放在劝盘上，双手托盘，端给客人，客人从劝盘上拿起劝盏，一饮而尽，放回劝盘，主人再斟酒，再托盘，敬其他客人。

讲究的人家也会给劝杯配上托盘。宋人买酒，一般都是瓶装酒，梅瓶装酒，大肚小口，比较容易斟，拿起酒瓶，直接斟到劝杯里。如果是自酿酒，则用坛子或者酒桶来装，斟酒时需要用到勺子，用勺子舀酒，再斟入劝杯。劝杯加上劝盘，再加上勺子，成为一整套敬酒用具，一套即一副，所以《水浒传》里说武松“讨了一副劝杯”。

一副劝杯里不一定只有一只杯子，可能有好几只，从大到小排列，大杯能装半斤，小杯只装一钱。敬酒之前，先问酒量，酒量大，用大劝杯，酒量小，用小劝杯。当年宋孝宗赐宴群臣，让内侍给亲王和宰执敬酒，“各第其量以赐”（《宋会要辑稿》礼四十五之二十一），按照大家的酒量使用不同的劝杯，比他祖上宋徽宗文明多了。

宋徽宗赐宴，喜欢让臣子多喝，不喝就硬灌。北宋大奸臣蔡京有个儿子叫蔡翛，官拜礼部尚书，徽宗让他进宫喝酒，“频以大觥劝之”（彭大翼《山堂肆考》卷一百九十二《劝酒至颠》），用最大的劝杯接连灌他。蔡翛求饶道：“不行了皇上，再喝下去我就完啦！”你猜宋徽宗怎么说：“快点儿喝！就算你今天喝死了，朕也不过损失一个礼部尚书，有什么了不起？”损失个礼部尚书对皇帝来说确实没什么了不起，但是对蔡翛来说可不一样，命毕竟是他自己的，不能为了喝酒说丢就丢。

解语杯

我以前写三国魏晋南北朝的酒风，写到过刘备的族兄刘表怎样劝酒。刘表专门打造了三个大号劝杯，分别叫作“伯雅”“仲雅”和“季雅”。伯雅能盛七升酒，仲雅能盛六升酒，季雅能盛五升酒，三国一升相当于现在两百毫升，因此伯雅、仲雅、季雅的容量分别是一千四百毫升、一千二百毫升和一千毫升。现在国产啤酒大多五百毫升装一瓶，刘表敬人家一杯酒，用他最小的劝杯，也相当于两瓶，客人酒量要是小点儿，一杯就灌蒙了。

南宋金劝杯，浙江兰溪出土。

宋朝的劝杯没这么大，浙江出土的南宋金劝杯，容量三十毫升，斟满酒不到三十克，半两多而已。现在我的豫东老乡敬酒，习惯用一次性塑料杯，一杯倒满，整瓶白酒少了三分之一，连敬三杯就是一瓶，劝酒力度之大远远超过这种金劝杯。用大杯灌客人其实很俗，我们豫东的敬酒方式就很俗，三国刘表的敬酒方式就更俗了。我觉得刘表那三个大号劝杯不应该命名为伯雅、仲雅、季雅，应该叫伯俗、仲俗、季俗才对。

宋朝比较文秀，南宋更加文秀，南宋士大夫敬酒不用大杯，用小巧玲珑的金杯、银杯、玉杯、琥珀杯、玛瑙杯，有时候也用沉香杯。小块沉香雕成酒杯，闻着香，喝着更香，不管什么酒都有沉香味儿。当然，真正爱酒的人不会用这种杯，因为怕酒体被香料污染。南宋某宫廷餐具保管员写过一本《宝货辨疑》(原书已散佚，部分条目可在《居家必用事类全集》中见到)，提到一种玻璃杯，进口货，很高档，晶莹剔透，像紫水晶一样，连托盘都是玻璃制品，属于当时特别罕见的劝杯，估计能在士大夫的宴席上大放异彩。

玻璃杯太名贵，可遇而不可求，南宋宴席上相对容易见到的是解语杯：摘一朵荷花，含苞待放，把花苞轻轻掰开，把劝杯轻轻放进去，斟满酒，将花苞合拢，小心翼翼交给客人饮用。在这里，花朵代替了托盘，非常高雅，也非常好玩。为什么叫“解语杯”？因为古人认为花有灵性，能听懂人们说话。

南宋词人葛立方填了一首《赏荷以莲叶劝酒》，调寄《卜算子》，末尾两句写道：“叶叶红衣当酒船，细细流霞举。”意思是把劝杯放到荷花里，低饮浅酌，特别惬意。喝酒喝到这个地步，我觉得不枉此生。

共杯饮酒

从卫生角度看，宋朝酒席有待改良。

首先，分餐制在宋朝彻底变成共餐制，七碟子八碗堆在一起供人享用（帝王和僧人除外），这一点很不好，既浪费又不卫生，有必要恢复隋唐以前广为流行的分餐制。

其次，宋朝人敬酒的时候，一般要用到劝杯（或者劝盏），把酒斟入劝杯再请人喝，人家喝完，把劝杯拿走，再敬下一位，这样敬满一轮，等于是让人共用同一只酒杯。当然，宋朝士大夫宴饮，每个人面前还都放着一只酒杯，但是敬酒的时候并没有完全摆脱共用劝杯饮酒的陋习，仍然有点不卫生，所以要进行改革。怎么改革？最好把劝杯去掉，想敬酒，直接拿着酒壶或者酒瓶过去，往客人杯子里倒就可以了。

还有一种改革方案：敬一次酒，洗一次劝杯，洗净残酒和唾液，然后才能敬其他人。这种办法其实也不是改革，而是早就有的古礼，后来被遗忘了。南宋大儒朱熹修订乡饮礼仪，要求恢复古礼，备办酒席的时候必须先备好水桶，敬酒之前，走到水桶那儿，舀点儿清水，把酒杯洗一洗，然后再敬。“酒再行，次沃洗。”（《宋史》卷一百一十四《乡饮酒仪》）敬过一次酒后，再去水桶那儿洗洗酒杯，这样就卫生多了。

不只得洗酒杯，还得洗手，洗完酒杯和手，还得扬觯。觯即酒杯，意思是把酒杯举起来，让别人瞧瞧究竟有没有洗净（参见《事林广记》前集卷十一《乡饮酒礼》）。现在我们河南人喝酒，有一道程序叫“亮杯”，一口喝完，举起杯子，杯口对着客人，杯里滴酒不剩，意思是我的任务圆满完成，下面就看你的啦！据我猜想，扬觯可能跟亮杯一样，也得把杯口对着客人，好让客人看清有没有尚未洗净的污迹。

遗憾的是，上述卫生习惯在宋朝小型宴会上并不常见。据说司马光写过一本《居家杂仪》(可能是南宋儒生伪托司马光所作),该书描写了士大夫家庭的家宴流程:儿孙倒酒,长辈先喝,喝完把酒杯交给晚辈,晚辈用这些杯子接着喝,其间既没有人洗杯,也没有人扬觯。

我估摸着,假如某个儿孙接过长辈用过的杯子,跑到水池子边冲洗一番,长辈大概不会表扬他讲卫生,而会骂他不敬老——洗一洗才用,你是嫌弃长辈吗?

宋朝茶道入门

唐朝人喝茶全是用煮:先用茶碾子把茶砖碾碎,碾成茶粉,再用茶罗把茶粉过滤一下,然后将其投放到滚水里,像煮饺子一样煮上三滚,最后喝那一锅茶汤。

宋朝人喝茶,比唐朝有所改进。他们用小勺把茶粉分到几个碗里,冲入滚水,一边冲一边搅,快速搅动,让茶粉和滚水充分混合,这叫“点茶”。点好的茶汤上面还会泛出一层乳白色的泡沫,有点像卡布奇诺咖啡,又有点像日本的抹茶。

在宋朝的茶道中,烧水是很关键的一步。宋朝人点茶一般不用铁锅烧水,而用铁壶烧水。烧水的铁壶是特制的,提梁粗大,壶嘴细长,宋朝人叫它“汤瓶”,耐高温,可以直接架在炭火上烤。由于铁壶是不透明的,所以看不见水开,只能听声,听声辨水是宋朝茶艺界的绝活。

宋代芙蓉花瓣纹金碗,现藏四川省博物院。

早在唐朝,上流社会就开始鄙视瓷器,喝茶用金碗、银碗或者铜碗,甚至用铁碗,拒绝用瓷碗。后来出了一个叫苏廙的茶道高手,他说金银太贵重,铜铁太

台北故宫博物院现藏的南宋建窑黑釉兔毫盏，略有破损。

俗气，这些金属茶碗还都有腥味，影响茶汤的口感和成色，只有瓷碗才是压倒一切的理想茶具（参见苏廙《仙芽传》，该书已散佚，今存于《说郛》）。苏廙的见解非常科学，开启了宋朝用瓷碗喝茶的风气。

宋朝已经可以烧造紫砂茶具了，但是紫砂并不被宋朝士大夫喜欢，因为紫砂透气性太强，茶汤很容易渗透进去，喝完茶不容易刷干净。现在流行紫砂壶，人们常说茶能养壶，其实就是指紫砂的细孔里留了茶叶渣子。

宋代景德镇影青瓷碗，现藏四川省博物院。

唐人煮茶，宋人点茶，今人冲茶——将“汤瓶”中烧开的水直接冲入茶碗，浇在碗底的茶粉上。茶碗又分很多种，南宋景德镇烧造的茶碗属于影青瓷，胎很薄，釉很白，半透明，很好看，但是这种茶碗并不受欢迎。宋朝人最喜欢的茶碗是建州窑出产的小黑碗，胎特别厚，造型古朴，看起来很笨重，但是耐高温，导热慢，适合点茶。

现代人喝茶，多用玻璃杯、紫砂杯和白瓷杯，宋朝人则喜欢用黑瓷碗。因为宋朝最好的茶汤都是乳白色的，只有用黑碗才能凸显茶汤的乳白。如果用白瓷碗、白瓷杯或者透明的玻璃杯，喝茶人就分不出哪是杯子哪是茶了。

茶上能写诗

现在看茶艺表演，茶楼里玩的那几式韩信点兵、关公巡城、凤凰三点头已经有点老套，不够看了。要看还是去成都宽窄巷子看人耍那长嘴小铜壶，两尺长的壶嘴，从前胸甩到头顶，从头顶甩到后背，一边甩，一边金鸡独立、鲤鱼打挺、白鹤亮翅、蟒龙翻身，做着这些动作的同时，还能准确无误地把茶水一一倒进客人面前的杯子里去，十分精彩；或者去马来西亚看那里的人拉茶，奶茶像弹簧一样可以伸缩，从左手罐子飞进右手罐子，一不会断，二不会溅，不像卖茶，像演杂技。

拉茶给人的感觉很闹，长嘴小铜壶更闹，要想欣赏安静的表演，我们就得去趟宋朝，看看那时候的茶艺高手怎么分茶。

分茶指的不是把茶壶里的水均匀地分到所有杯子里去，而是用勺子或者筷子把茶汤分开，分出一个很好玩的图案给别人看。我们现代人冲泡出来的茶汤当然分不成什么图案，但宋朝的茶汤可以，因为宋朝人喝茶不是冲泡，而是点茶，用滚热的沸水去浇碾好的茶粉，一边浇一边搅，沸水和茶粉完全混合，很稠，过一会儿，茶沫还会泛上来，水面上厚厚一层，抽刀在上面划一个十字，图案能保持一小会儿不消失。

［宋］刘松年《斗茶图卷》，现藏台北故宫博物院。

表演分茶当然不是划十字那么简单，宋朝的茶艺师用一只小勺子（宋徽宗时改用茶筅）飞速地搅动茶水，提起勺子的那一刹那，碗里的茶汤中间凸起，周围层层叠叠地低下去，很像一座小山。很快，水波平息，小山消失了，茶艺师再一搅，茶汤表面突然出现一朵花或者一幅画，非常神奇。这种表演发端于五代末年，在两宋时期盛行于大江南北。

北宋有一位很牛的分茶大师，是个和尚，法号福全，提壶冲茶，边冲边搅，眨眼间连分四碗，每碗茶汤上面分别浮现一句诗：

第一碗：生成盏里水丹青。

第二碗：巧画工夫学不成。

第三碗：却笑当时陆鸿渐。

第四碗：煎茶赢得好名声。

四碗上下排开，刚好一首绝句。

第六章 象形食品

条子来了

《射雕英雄传》里有个瑛姑，精于奇门五行，善解高次方程，江湖人称“神算子”。她的独门武器和计算工具是同一物品，叫作“算筹”，用竹子刻成，半寸来宽，四寸来长，既能当暗器，又能列式子。

譬如说瑛姑想用算筹列出 2+8=10 的式子，她得先拿出两根算筹，并排竖在左边，表示2；再拿出三根算筹并排竖在右边，并在下面横放一根算筹，表示8；然后在两组算筹中间十字交叉安放两根算筹，表示加号；最后在最右边横放两根算筹，表示 10。

很明显，这样列式子是很笨的，很像幼儿园小朋友学习的手心算（事实上手心算就是源于算筹，只是用手指代替了小竹棍）。所以等到算盘一问世，算筹马上退位让贤，不敢在数学界混了，改头换面加入了餐饮界。

瑛姑生活在南宋，那时候算盘已经问世，很少有人笨到继续用算筹进行复杂的运算，但是日常生活中还能见到算筹：在赌局和酒桌上，算筹被用来计数（成语“觥筹交错”指的就是用酒杯喝酒，用算筹计数），而在北宋开封和南宋杭州的小吃摊上，算筹被制作成了象形食品。

这种象形食品用肉制成，无论猪肉、牛肉，还是鹿肉、獐肉，只要纹理比较明显，肉纤维比较粗，都能拿来做算筹。把肉洗净，剔骨去筋，顺着纹理，切成长条，用食盐、砂糖、花椒粉、砂仁拌匀，压紧，晒干，上笼蒸熟，出锅晾凉，摆成一排，在夜市上出售，很受欢迎。

加工这种象形食品有个口诀：“不论猪羊与太牢，一斤切作十六条。”（《居家必用事类全集》己集《肉食》）不管猪肉、羊肉还是牛肉，每斤都要切成十六根肉条。其大小、形状、色泽、质感，都跟竹子刻的算筹很像，如果不亲自尝一口，你会以为它们真的就是算筹。

宋朝人把算筹叫作“算条子”，所以他们也把上述象形食品叫作“算条子”，简称“条子”。假如你在宋朝逛夜市，听到小吃摊上传来一声悠长的吆喝：“客官——条子来了！”你可千万别大惊小怪，那只是某个吃货点了一碟算条子，摊主正在给他端上餐桌。

象形食品

我在豫东平原长大，我们那儿有个风俗：每年正月初二或者正月初四，出嫁的女儿一定要回娘家走亲戚，去的时候一定要带上“枣花”作礼物。

“枣花”可不是枣树开的花，它是一种体型庞大的点心，扁乎乎的，又大又圆，只看背面，有点像锅盖，把“锅盖”翻过来一瞧，上面还有很多小点心，千姿百态，非常可爱，都结结实实长在“锅盖”上面。

其实那“锅盖”是用发酵面做的大圆饼，“锅盖”上面的小点心是用发酵面、白糖、红枣和其他材料做的小动物，包括金鱼造型的面鱼、鸽子造型的面鸽、燕子造型的面燕，以及面鸡、面鸭、面羊、面猪、面牛、面蛤蟆等动物造型。

把点心做成动物造型，我觉得这种做法应该是从宋朝传下来的。宋朝素食店里卖的枣糕，也是各种各样的动物造型：鹌鹑形状的枣糕、燕子形状的枣糕、狮子形状的枣糕、胖娃娃抱金鱼形状的枣糕……应有尽有。《水浒传》第五十四回，李逵去请公孙胜，途中公孙胜饿了，想吃素点心，李逵给他买了一包枣糕，我估计那枣糕不会长得跟砖头似的，它应该跟我们豫东平原的“枣花”一样做成各种各样的动物造型，不然不好玩。

现在我们把模仿某种物品形状加工成的食物叫作“象形食品”。宋朝还没有“象形食品”这个概念，但是宋朝人特别喜欢制作象形食品。他们的想象力非常丰富，除了模仿动物，还模仿植物；除了模仿植物，还模仿人物；除了模仿人物，还模仿建筑；除了模仿建筑，还模仿生活用品。总之没有哪种物品不能模仿，没有哪种东西的造型不可以成为食物的造型。

如果你回到宋朝，一准能见到这么几种非常好玩的象形食品：

有一种蜜饯叫作“笑靥儿”，很像美女的笑脸。

有一种水果叫作“花瓜”，把瓜雕成了鲜花的形状。

有一种糖果叫作“兽糖”，是用各色模子灌制成的糖块，有的像狮子，有的像老虎，有的像梅花鹿。

有一种面点叫作“亭儿”，是用面团和饴糖捏制而成的成套点心，码在红漆木盘上，有正殿有偏殿，有假山有池塘，亭台楼阁错落有致。

如果你在宋朝，建议你花几百文钱买一套“亭儿”，然后从假山上的小亭子吃起，一直吃到门楼外的朱红杈子，等把这套花园别墅吃完了，你也就饱了。

荔枝白腰子

在宋朝，名字中带“荔枝”的饮食有这么几种：

一、荔枝膏（见《东京梦华录》卷二《州桥夜市》、《武林旧事》卷三《都人避暑》）；

二、荔枝汤（见《梦粱录》卷十三《团行》）；

三、荔枝腰子（见《梦粱录》卷十六《分茶酒店》）；

四、荔枝白腰子（见《武林旧事》卷九《高宗幸张府节次略》）。

以上饮食名曰“荔枝”，其实都不含荔枝。

据《御药院方》，荔枝膏是用乌梅、桂、麝香、熟蜜等材料熬成的胶状物。乌梅八两、桂十两、乳糖二十六两、生姜五两取汁、麝香半钱、熟蜜十四两，“上用水一斗五升，熬至一半，滤去滓，下乳糖再熬，候糖熔化开，入姜汁再熬，滤去滓，俟少时，入麝香”，然后边熬边搅，把水熬干，锅里只剩黑红透亮可以扯出长丝的一小团，就是荔枝膏。

据《饮馔服食笺》，荔枝汤也要用到乌梅、肉桂和生姜。乌梅半斤、肉桂少许、生姜少许，再加几粒甘草和二斤白糖，以上材料一起入锅，加清水煮沸，放凉饮用。

既然荔枝膏和荔枝汤都用不到荔枝，名字里为什么还要带上“荔枝”呢？因为做出了荔枝的味道。就像最常见的那道川菜，配料时不用鱼，出锅后却有鱼味，所以叫“鱼香肉丝”。

荔枝腰子和荔枝白腰子则是爆炒腰花，它们的得名不是因为味道，而是因为形状。将羊肾脏或者猪睾丸洗净，剥掉外膜，剔掉臊筋，剞出两排菱形交叉的细密纹路，再片成腰花，入锅爆炒。腰花一受热，迅速卷曲，表面上呈现出密密麻麻的颗粒状的小突起，很像荔枝的外壳。

作为成品菜，荔枝腰子和荔枝白腰子的样子差不多，所用的主料完全不一样：前者用的是肾脏，后者用的是睾丸。宋朝人习惯将肾脏叫作“赤腰子”，将睾丸叫作“白腰子”，又将两种下水合称为“赤白腰子”或“二色腰子”。

网油卷，羊头签

国学大师章太炎吃饭很不讲究，有什么吃什么，再好吃的菜，他也吃不出好来，再难吃的菜，他也不觉得有多难吃，所以人家说他“有王介甫之风”。

王介甫是谁？就是王安石。王安石吃饭也不讲究，跟同事聚餐，桌子上堆满菜碟，哪道菜离他最近，他就吃哪道菜，无论那道菜是荤是素，是甜是咸。有一段时间，每次聚餐都会上一道獐肉，服务员每次布菜都会把獐肉放到王安石面前，于是王安石就专吃獐肉，不吃别的菜，以至于同事们都认为獐肉是他的最爱，对他夫人说：“你们家老王爱吃獐肉，以后多给他做这道菜！”王夫人笑道：“以后你们把别的菜放到他面前试试。”大家照做了一次，把獐肉放到餐桌另一边，结果发现王安石仍然只吃离他最近的菜，压根就没有察觉到他“爱吃”的獐肉被人换了。

像章太炎、王安石这样的人，味蕾可能不怎么灵敏。这种人的优点是不挑食，缺点是难以成为烹饪高手——连菜是否美味都尝不出来，很难成为好厨子，更难成为美食家。

但是细究起来，章太炎并非完全没有钟爱的菜。据他的高足、香港名医陈存仁说，章太炎生前嗜吃臭豆腐，越臭越咸越喜欢。王安石同样也有钟爱的美食，我读过清朝史学家顾栋高整理的《王荆国文公遗事》，里面说王安石最喜欢吃羊头签，一边看书，一边信手抓着吃，看一页书，吃一枚羊头签，兴味盎然。

羊头签是什么东西？有些研究宋朝饮食的学者望文生义，以为羊头签就是用签子把羊头肉串起来在火上烤熟，换句话说，他们以为羊头签就是烤串。还有些学者认为羊头签是一种肉汤，理由是宋朝文献里有一个词叫“签羹”，羹就是汤，签跟羹能凑到一块儿相提并论，当然也是汤。其实这两种见解都不靠谱，羊头签既不是烤串，也不是肉汤，而是网油卷。

猪肠子上面裹着一层网油，撕下来，冲干净，铺到菜案上。羊头煮熟，剔掉脸肉，把脸肉切成丝，用盐和其他作料拌一拌，铺到网油上。然后像卷寿司一样把网油卷起来，卷成长筒，搁面糊或者鸡蛋糊里蘸一蘸，把口儿封严，一个一个拿到滚油里炸，炸到通体金黄，用大笊篱捞出来，控油，盛到盘子里，一切两段，这玩意儿就是羊头签。用筷子夹一个，放进嘴里，网油很香，羊肉很嫩，面糊很脆，外焦里嫩，外脆里酥，外香里鲜，岂不美哉！

关键是做这道菜时不用竹签子，为什么叫“签”呢？因为它的造型很像寺庙里抽签的签筒——中空的网油卷是圆筒，内藏的肉丝像竹签，出锅以后如果再用番茄酱在外面涂上“有求必应”四个字，那就更像签筒了。

夹子和音乐

北宋有四京：东京、西京、南京、北京。东京指开封，西京指洛阳，这一点人所共知。但是，当时的北京可不是现在的北京，而是河北大名；当时的南京也不是现在的南京，而是河南商丘。

在北宋，商丘的地位是很高的，仅次于开封和洛阳。宋朝还没有“一线城市”这种概念，如果有，那么我要说，开封、洛阳和商丘就是当时的一线城市，分别相当于今天的北京、上海和广州。广州饮食驰名全国，所以有“吃在广州”一说，而北宋时期的商丘小吃也非常丰富，说到品类之多、制作之精、口味之佳，几乎能和首都开封有一拼。

在商丘众多的小吃中，有一种叫作“夹子”的美食，曾经是欧阳修的最爱。当年欧阳修在商丘任职，就当了几天官，每天都得吃一回夹子，否则就跟丢了魂儿似的。

夹子又叫“夹儿”，在宋朝应该比较普及，商丘有，开封也有。《东京梦华录》描述相国寺南边的州桥夜市，每天晚上叫卖各种小吃，其中一种就是煎夹子。到了南宋，夹子在杭州夜市上更是大放异彩，南宋吴自牧在《梦粱录》里列举临安小吃，光“夹儿”就有几十种：蛾眉夹儿、笋肉夹儿、油炸夹儿、金梃夹儿、江鱼夹儿、肝脏夹儿……还有各种各样的素夹子，被吴自牧统称为“诸色油炸素夹儿”。欧阳修要是能活到南渡以后，我猜他肯定会选择在杭州养老，因为他爱吃夹子，而杭州的夹子如此丰富，可以让他连吃一个月不重样。

遗憾的是，史籍上只记载欧阳修爱吃夹子，只记载北宋商丘和南宋杭州出售夹子，却没讲过夹子到底是什么东西。中华书局 2007 年找人重校南宋饮食风俗宝典《武林旧事》，两位校注者疏于考证，在解释“肝脏夹子”的时候，猜测它是“类似今天肉夹馍的一种食品”。二十年前开封市政府组织了一批名厨和学者挖掘宋朝小吃，挖掘到“煎夹子”，大家从“煎”这个字上展开想象，认为它就是今天开封早点摊上到处可见的水煎包。但是根据我这么多年的仔细考证，夹子既不是肉夹馍，也不是水煎包，它其实更接近今天的藕盒和茄盒。

把莲藕、茄子或者竹笋切成连刀片（一刀切断，一刀切不断，如此间隔下刀），把鱼馅、肉馅、蟹黄或者某种素馅酿到连刀片里去，再搁面糊里蘸一蘸，封住口，搁油锅里炸，或者上锅蒸熟，宋朝人所说的夹子就做成了。如果用笋切连刀片，用猪羊肉做馅儿，就是《梦粱录》里说的“笋肉夹儿”。如果用肝脏做馅儿，用莲藕或者竹笋切连刀片，就是《东京梦华录》里说的“肝脏夹子”。至于“蛾眉夹儿”和“金梃夹儿”，我猜它们是从连刀片的形状得名：前者切得又细又弯，炸好了状如蛾眉；后者切得又宽又厚，再包上馅儿，成品好像金锭（宋朝的金锭不像后来的船型元宝，而是长方形，很厚，时称“金梃”）。

还有学者给吴自牧的《梦粱录》作注，说夹子是油炸饺一类，这话更不让人信服。夹子有皮有馅儿，结构上跟油炸饺一样，但油炸饺是用面皮裹馅儿，而夹子却是用藕片、茄片、菌片或笋片来裹馅儿。油炸饺的皮儿只是配角，不是美味，夹子的皮儿却是主角之一，它靠天然的张力（连刀片）维护着另一个主角——馅儿，同时中和并强化着馅儿的滋味。

绝大多数的带馅儿食品，不管水饺、馄饨、汤圆还是粉蒸荷包，皮儿都是馅儿的配角，馅儿是主音，皮儿是辅音，即使调和得当，也只能产生颤音，而颤音是装饰用的，它延伸了食物的滋味，而没有增加饮食的快感。夹子却是特例，两片甘脆的笋，一片肥厚的馅儿，好似三个音符。笋片很脆的，馅儿很酥，口感的叠置类似乐音的叠置。笋片很鲜，馅儿很香，味道的叠置类似乐音的叠置。笋片很淡，馅儿很浓，两个弱拍子中和了一个强拍子。就这样，三个音程不等的音符结合在一块儿，产生了一种全新口味的乐音——和弦。我觉得夹子就是最简洁的三度和弦。

前年九月去河南某台录节目，在电视台对面的一家茶餐厅里点到了藕夹儿（菜谱上写的是“藕盒”），我吃得很开心，仿佛听到了清脆悦耳的和弦，宛如宋朝美食的旋律。

滴酥鲍螺

《金瓶梅》第六十七回，大概就是这个季节，西门庆留温秀才在家赏雪，应伯爵作陪。刚摆上酒席，妓女郑月儿派人送来两盒点心，一盒果馅顶皮酥，一盒酥油鲍螺。果馅顶皮酥倒也罢了，那酥油鲍螺可真地道，用应伯爵的话说：“上头纹溜就像螺蛳儿一般。”

应伯爵嘴馋，不等西门庆发话，先抢了一个酥油鲍螺送进嘴里，又拿了一个递给温秀才：“老先儿，你也尝尝，吃了牙老重生，抽胎换骨，眼见稀奇物，胜活十年人！”温秀才呷在口内，入口即化，赞道：“此物出于西域，非人间可有，沃肺融心，实上方之佳味。”

其实温秀才和应伯爵都是土鳖——当时在江浙一带，很多糕饼店都卖酥油鲍螺，根本就不算什么稀罕物，至于温秀才夸说“此物出于西域，非人间可有”，更是胡扯。我甚至觉得《金瓶梅》的作者兰陵笑笑生也是见识有限，因为他连酥油鲍螺的名字都写错了，正确的写法应该是“酥油鲍螺”，而不是“酥油泡螺”。当然，这个错误也可能是刻工和传抄者造成的。

酥油鲍螺是一种花式点心，用奶油制成。把牛奶倒进缸里，自然发酵，煮成奶渣，使劲搅拌，分离出奶油，掺上蜂蜜，掺上蔗糖，凝结以后，挤到盘子上，一边挤，一边旋转，一个个小点心横空出世，底下圆，上头尖，螺纹一圈又一圈，这就是酥油鲍螺，又叫作“滴酥鲍螺”。在明朝江南，在南宋临安，它都是极为常见的花式点心，到了中秋节和元宵节，无论富贵之家还是小门小户，都要用它待客。《金瓶梅》里的人物之所以会把这种常见点心当成世上少见的珍馐美味，应该是因为他们生活在内陆，平常没有机会品尝江南美食。

说穿了，滴酥鲍螺就是用奶油加工的一种象形小点心。在蛋糕店里见过糕点师往蛋糕上裱花的朋友都知道，奶油发好以后，很软，可塑性很强，如果手法纯熟，想挤出什么形状都可以。当年宋朝人加工滴酥鲍螺，就像现代糕点师用纸杯给蛋糕裱花，只不过宋朝人裱花的手法比较单一，只要能挤出螺纹造型就可以了。鉴于螺纹造型有扁有长，扁的像牡蛎，长的像螺蛳，而宋人把牡蛎叫作“鲍”（宋朝语境与今相异，当时“鲍”是指牡蛎，“鳆鱼”才是指鲍鱼），所以他们把那些状如牡蛎或螺蛳的奶油小点心叫作“滴酥鲍螺”。

当然，宋朝也有用奶油裱花的高手，例如，北宋诗人梅尧臣的亲戚家里有一个丫鬟，能用奶油做出各种造型，花朵、水果、麒麟、凤凰……甚至还能“写”诗。这个丫鬟要是活到今天，肯定可以去开蛋糕连锁店了。

玉蜂儿

《甄嬛传》里有一个情节：甄嬛怀孕以后，胃口很差，什么都不想吃，就想吃糖霜玉蜂儿。这可把宫女们难住了，因为她们都不知道糖霜玉蜂儿是什么东西。

甄嬛不能怪下人，只能怪她的作者流潋紫，因为糖霜玉蜂儿是宋朝独有的甜点，清朝人怎么可能听说过呢？

这道甜点原载于南宋周密写的《武林旧事》，说是宋高宗去清河郡王张俊家做客，张俊设筵款待，上了很多美食，其中一道就是糖霜玉蜂儿。

宋朝人还不会加工白糖，只会加工红糖和糖霜。什么是糖霜？就是在熬糖的大锅和搅糖的竹棍上提前结晶的霜块。这层霜块不是白糖，是比白糖还要纯净的冰糖。顾名思义，糖霜玉蜂儿就是用糖霜加工的玉蜂儿。问题在于，我们不知道什么是玉蜂儿。

王仁湘是研究古代美食的大家，他认为玉蜂儿应该是蚕蛹，其依据是元朝人爱吃蚕蛹，并将蚕蛹称为“蜂儿”。经王仁湘这么一考证，所有注释《武林旧事》的学者都把糖霜玉蜂儿解释成了“用蚕蛹做的蜜饯”。问题是蚕蛹能做蜜饯吗？就算能做，做出来你敢吃吗？

我原先也以为玉蜂儿就是蚕蛹，近来无意中读到南宋杨万里的几首诗，刹那间恍然大悟：原来宋朝餐桌上的玉蜂儿并不生猛，它既不是蜂蛹，也不是蚕蛹，而是莲子啊！

有杨万里《莲子》为证：

蜂儿来自宛溪中，两翅虽无已是虫。

不似荷花窠底蜜，方成玉蛹未成蜂。

这首诗把莲房比喻成蜂房，把莲子比喻成蜂房里的蜂蛹，蜂蛹长大了会长翅膀，莲子怎么长都没有翅膀。

又有杨万里《食莲子》为证：

白玉蜂儿绿玉房，蜂房未绽已闻香。

蜂儿解醒诗人醉，一嚼清冰一咽霜。

剥开绿色的莲蓬，能看到白色的莲子，就像蜂房里面白色的蜂蛹。蜂蛹不能生吃，莲子是可以生吃的，清甜芳香，吃了能败火，还能解酒。

现在问题迎刃而解：什么是糖霜玉蜂儿？就是用糖霜和莲子加工而成的蜜饯莲子嘛！

北宋大臣苏颂雇过一个保姆，那保姆家在开封曹门外，胡同里住着几十户人家，男男女女老老少少几百人，都靠剥莲子为生。每年夏天快要结束的时候，梁山泊那边的莲蓬成熟了，山东人摘下莲蓬，晒干装船，一船一船运到开封曹门外，这些人天天剥，剪掉硬壳，脱净软膜……每天都有果子行的伙计推着独轮车到曹门外那条胡同里收购，转卖给中药铺做药材，转卖给小市民装果盘，转卖到饭店里做成糖霜玉蜂儿……

一整条胡同，几十户人家，不干别的，专剥莲子，还能以此为生，这说明宋朝商业很发达，社会分工很细，也说明糖霜玉蜂儿是真的受欢迎。

欢喜团

宋朝有几样圆球状的小点心，分别叫作豆团、麻团、欢喜团。

豆团是用红豆做的，把红豆煮软，磨成豆沙，掺糖，掺面粉，团成圆球，用油一炸就行了。麻团就是芝麻团，糯米粉裹甜馅儿，搓圆以后，滚上芝麻，然后再油炸。欢喜团比较麻烦，先把江米炒爆成米花，再熬半锅糖浆，泼到米花上，使劲搅匀，趁热搓成鸡蛋大小的小球（搓的时候要蘸水，一是避免烫伤，二是避免粘手），再用鲜橘皮给这些小球点上颜色。

记得小时候，豫东农村常有货郎摇着小鼓穿街走巷，大声叫卖花吉团，那是一种跟宋朝欢喜团非常相像的点心，也是把江米炒爆，炒成米花，也是用熬好的糖浆拌一拌，搓成小圆球，只是不用橘皮点色。现在货郎不见了，曾经甜蜜了我整个童年的花吉团也不见了。

花吉团是白的，纯白，宋朝的欢喜团则是红白相间。这是因为宋朝缺少白糖（宋人已经学会从原糖的糖浆里直接提炼出白色的糖霜，但糖霜毕竟不同于白糖），做甜点用的糖都是红糖和麦芽糖，用这些糖熬制的糖浆呈现出褐红色，再跟白色的米花混合均匀，完了再用橘皮点色，做出来的欢喜团肯定带彩。所以我觉得，我小时候吃过的花吉团不该叫“花吉团”，倒是宋朝的欢喜团应该叫作“花吉团”，因为它才是“花”的。

欢喜团不是宋朝人发明的点心，它最初来自印度，随着佛教传入中国，并在唐宋年间变成中国市面上常见的甜食。古印度人把欢喜团叫作“摩呼荼迦”，意思是欢喜天的食物，而欢喜天是舞蹈之神湿婆的儿子，生来嘴馋无比，好色贪淫，做过很多坏事。后来观世音菩萨化为美女，缠到了欢喜天身上，控制住了他的色欲，可是还剩下食欲没能控制住，于是印度人发明出欢喜团，放在欢喜天的手里，让他随便吃，整个世界才清净了。

古印度人给欢喜天造像，把他造成一个象首人身的怪物，盘膝而坐，怀里抱着观世音，手里托着欢喜团。后来这个造型被印度教的支系“性力派”当成图腾，进而又被密宗借鉴，于是欢喜天就演变成了欢喜佛。在演变的过程中，男女相抱的造型始终没变，只是欢喜天的象鼻子没了，他手上的那颗欢喜团也不见了。

仿荤之素

在我的印象里，宋朝那些大人物几乎都跟佛门有关系。

苏东坡少年学道，中年以后学佛。黄庭坚从小就信佛，至死不渝。王安石晚年信佛，信得极为虔诚，连房子都捐献出去，改成了寺院。李清照不信佛，但在北宋没灭亡的时候，她跟丈夫赵明诚没少逛相国寺。司马光也不信佛，可是发妻出殡，照样请和尚念经超度。朱熹是儒家大宗师，平素瞧不起佛门，可是他教弟子格致工夫，仍提倡要像禅僧一样静心打坐。杨万里做官的时候，不住衙门，偏要到寺庙里租客房。欧阳修身为大臣，跟开封净因寺、北京压沙寺、镇江金山寺的方丈都交好，而且他的乳名就叫“和尚”……

除了这些大人物，普通百姓也多有信佛的，他们不懂名相，不懂机锋，对佛学没兴趣，但是比文人们更为痴迷轮回和因果，以至于不敢杀生，不敢吃肉，只跟白菜豆腐打交道。正是因为有这么多人坚持吃素，所以素菜馆就应运而生了。《梦粱录》里说过，南宋杭州城里开了很多家素食分茶，也就是专营素菜的茶餐厅。

现在的素菜馆为了吸引顾客，变着花样推出仿荤素斋，用土豆做成红烧肘子，用鲜藕做成醋熘排骨，用面筋和豆筋做成烤鸭，用油豆皮和藕粉做成火腿，用紫菜和木耳做成海参，用萝卜丝做成燕窝，用玉兰笋做成鱼翅，用胡萝卜泥做成清蒸蟹粉，素鸡素鸭素海鲜，应有尽有。十年前我在静安寺二楼的餐厅里吃过一份素甲鱼，用一块大冬菇加上金针菇做成，光滑油亮，栩栩如生，不仅形似，味道跟甲鱼也很像，算是一道很成功的仿荤素菜。

南宋的素食分茶也推出过花样繁多的仿荤菜品，诸如“假炙鸭”“假蚬子”“假煎白肠”“假煎乌鱼”“炸骨头”“素灌肺”“假鳖羹”“三鲜夺真鸡”……光听菜名就能知道，这些菜都是素菜，但被厨师做成了荤菜的样子，甚至做出了荤菜的口感和味道。

我猜想，南宋素食分茶的顾客不一定全是佛教徒，还会有一批因为好奇而光顾的饕餮客——真鸡真鸭都吃过了，假的还没有吃过，赶紧尝尝去！

插食

南宋有一员大将，名叫张俊，跟岳飞是同僚，岳飞死后，此人被封为郡王，很受宋高宗宠幸。有一年，高宗带着皇亲国戚和文武百官去他家做客，他受宠若惊，大摆筵宴，上了很多菜。

据《武林旧事》记载，那天宴席上先摆出各种果盘，再摆出各种开胃小菜，开始喝酒的时候，又上了几十道下酒菜，喝完酒以后又上插食，上完插食又上果盘，上完果盘又上各种精致的面点，前前后后光菜名就有好几百种，宋高宗和随驾群臣从上午一直吃到天黑。

果盘、面点、开胃菜、下酒菜，这些我们都能理解，问题是在下酒菜后面还有插食，这是一种什么样的美食呢？我以前望文生义，想当然地认为那是在酒宴中穿插着摆上的主食。现在读书多了，总算弄明白了，原来插食是指经过装饰的食物。

食物怎么装饰？宋朝人有两种方法，一种方法是直接在食物上面插花、插彩旗，还有一种方法是用竹子或者铁丝扎成某种造型，把食物挂上去。

宋朝人过重阳节，要互相赠送重阳糕。这重阳糕就是一种插食：把米粉用糖水和匀，做成米糕，上笼蒸熟，出笼后，在顶上插一面小旗帜，端着给邻居家送过去（参见《梦粱录》卷五《九月》）。好好的糕点，为什么要插旗？不是为了好吃，而是为了好看——糕点插旗如同给美女戴上珠翠，是在帮美食扮靓啊！

再比如说宋朝人过端午节，家家户户用艾草、菖蒲和向日葵扎成小树或者小山的形状，摆到家门口，再用红丝线拴几十只粽子挂上去，就像西方人过圣诞节时往圣诞树上挂糖果一样（参见《武林旧事》卷三《端午》）。有钱人则用金银丝扎一个大蜈蚣，蜈蚣百脚朝天，脚上串起橘子、柑子、粽子、蜜饯，时称“插食盘架”。小孩子贪玩，把果子蜜饯从插食盘架上取下来，抱着啃，据说可以辟邪。

现在我们再回过头来看看张俊那天给宋高宗上的插食：炒白腰子、炙肚胘（烤羊肚）、炙鹑子脯（烤鹌鹑）、炙炊饼（烤馒头）、不炙炊饼（蒸馒头）……本来都是些寻常食物，但是张俊让工匠扎成假山和盆景，再把这些吃食往上一挂，效果立马就不一样了。

第七章

饮料加美酒

大宋冷饮店

如果你赶在盛夏时节前往东京汴梁，一定可以尝到宋朝的冷饮。

开封府有三家大型冷饮店，一家叫“曹家从食”（从食不是副食品，而是主食，如包子、馒头、水饺、馄饨、馅饼之类，均为从食），位于朱雀门外，另外两家位于旧宋门外，店名失考。三家店子都卖冰雪、凉浆、甘草汤、药木瓜、水木瓜、凉水荔枝膏……诸如此类的冷饮品种。

冰雪是宋朝版的冰糕，凉浆是冰镇的发酵米汤，甘草汤是冰镇的甘草水，药木瓜是用蜂蜜和几种中药材把木瓜腌制一番，搁滚水里煮到发白，再捣成泥，然后跟冰水混合均匀做成清凉饮料。水木瓜比较简单，木瓜削皮，去瓤，只留下果肉，切成小方块，泡到冰水里面就行了。凉水荔枝膏跟荔枝基本上没关系，主要是用乌梅熬成果胶，然后把果胶融入冰水。

这些冷饮都离不开冰，可是宋朝没有现代化的制冷设备，大热天的从哪儿弄冰呢？答案是：赶在冬天有冰的时候提前把冰储存起来。储存在哪儿？地下的冰窖和冰井。宋朝的冰窖很多，宫廷有大型冰窖，到了夏天把冰分赐给后妃和大臣；民间有小型冰窖，冷天雇人去河里砸冰，背到冰窖里放好，等天热了，运出来卖钱。

宋朝也没有冰箱，冰块一出冰窖，很快会融化，为了解决这个问题，宋朝冷饮店里备有一种双层大木桶，底下有基座，上面有圆盖，接口处包白铜，把冰块往夹层里一放，两三天都不会化。冷饮做好，就用这种大木桶冷藏。不冷藏的时候，该木桶还能当空调用——屋里四个角各放一个，打开盖儿，冷气丝丝地冒出来，可以降温。

宋朝的冷饮不含色素，不含防腐剂，凭当时的技术水平也做不出假果汁和假果粒，照理说应该很安全。但是前面说过，宋朝做冷饮用的冰都是天然冰，取自江河，含有很多杂质，用来降温毫无问题，直接饮用是有可能吃坏肚子的。

《宋史》第三百八十五卷记载了南宋皇帝宋孝宗和礼部侍郎施师点的一段对话。宋孝宗说："朕前饮冰水过多，忽暴下，幸即平复。"意思是我前几天吃冷饮吃得太多，搞得拉肚子，幸好现在不拉了。施师点说："您是国家最高领导人，一举一动都关系到江山社稷和百姓生活，千万不能再凭自己喜好乱吃冷饮了。"宋孝宗"深然之"，对他的话深表赞同。

熟水和渴水

宋朝冷饮种类很多，比较常见的有这么几类：

一是冰雪，类似现在的冰糕。宋朝人在冬天用铜盆接一盆水，水里放糖，也可以再放点儿果汁和果胶，然后端到外面让它结冰。整盆水都冻住以后，运到冰窖里去，来年夏天切割成小块（或者雕成小动物的造型），放在冷饮店里出售。

一是凉浆，用米饭制成。无论大米还是小米，稠稠的熬上半锅，熬黏以后再加半锅凉水，混合均匀，倒进缸里，盖上盖儿，让它自然发酵。过五六天，米饭会糖化，再倒出来，把稠的滤掉，只要米汁。把米汁用小瓷瓶分盛，搁冰桶里镇一镇，凉浆就成了，酸酸甜甜挺好喝。过去清明节上坟，除了给亲人摆供，还要洒几盏凉浆水饭喂孤魂野鬼，凉浆水饭其实就是半发酵的米汁，但是不经过冰镇，算不得冷饮。

此外还有两大类冷饮，分别叫"熟水"和"渴水"。

渴水的制作过程特别麻烦：找一堆荔枝，或者一堆苹果、李子、橘子、杨梅、葡萄等，总之凡是鲜嫩多汁的水果都可以。把它们洗净，去皮，去核，只留果汁和果肉，倒进锅里，加上清水，大火烧开，再改成小火慢慢熬。熬到快要粘锅的时候，再过滤一遍，把刚才没有择净的渣滓滤掉，继续熬，一边熬一边搅，直到把水全部熬干，锅里只剩下一大团黏稠的、可以拉出长丝的半透明物质，现在我们叫它“果胶”。把果胶盛出来，装入小瓷坛，密封严实，什么时候想喝冷饮，从瓷坛里舀一点出来，跟冰水混合均匀，就是渴水。

跟渴水比起来，制作熟水就很简单了。顾名思义，制作熟水当然要把水烧熟（烧开），但只是这样绝对不能叫熟水，只能叫白开水。宋朝人做熟水，是把竹叶、稻叶或者橘子叶淘净，晾干，放到锅里稍微翻炒一下，然后烧开一锅水，放一小撮叶子进去，盖上锅盖焖一会儿，把叶子捞出来扔掉，再加点儿砂糖，最后把水装入瓦罐，吊进深井。这种饮料喝着很健康，很凉爽，还有一种淡淡的、纯天然的香味。

记得我小时候，豫东老家的农民收割小麦，每家每户都喜欢从新买的扫帚上摘几片竹叶下来，收拾干净，在火上烤一烤，烤出竹子的清香，拿来泡茶，可以避暑。我估计这个习惯应该就是从宋朝传下来的。

迎客茶，滚蛋汤

在清朝和民国时期，官场上流行端茶送客：客人来了，先敬茶，边喝边聊，聊到一定程度，主人把茶碗一端，客人就该明白，这是让自己走人，别磨蹭了，告辞吧。

可是在宋朝，规矩不这样。南宋大诗人陆游说过宋朝的规矩：“客至则设茶，客去则设汤……上至官府，下至里闾，莫之或废。”客人来了，端茶迎客，客人离开的时候，则送一道汤，从官场到民间都是这样子，没有人敢坏了这个规矩。所以宋朝不是端茶送客，而是端汤送客。

身为河南人，我对端汤送客很熟悉。我们豫东农村办红白喜事，宴席上的走菜顺序一贯是先凉后热，先咸后甜，先碟子后蒸碗。上完蒸碗，吃完主食，最后一道必然是汤，而且这道汤必然跟鸡蛋有关，要么是紫菜蛋花汤，要么是番茄蛋花汤，要么是鸡蛋菠菜汤，要么往玉米羹里打鸡蛋，来一碗又甜又烫又有营养的鸡蛋羹。正是因为汤里一定有鸡蛋，所以我们管宴席最后那道汤叫作“滚蛋汤”。我们那儿的客人都知道，只要滚蛋汤端上桌，就表示宴席到了尾声，赶紧大吃几口，吃完起身回家。

宋朝人送客，其滚蛋汤里倒未必有鸡蛋。事实上，那时候的滚蛋汤根本就不是汤，而是一种味道很甜的药水。按南宋朱彧《萍洲可谈》：“送客汤取药材甘香者为之，或温或凉，未有不用甘草者，此俗遍天下。”送客时用的汤要用甘草、砂仁、陈皮、白檀、麝香、藿香等中药，加上竹叶、莲子、薄荷、杏仁、蜂蜜、金银花等配料，熬成一碗浓浓的、甜甜的、温中补气、清热败火、对健康有益的饮料。忽然觉得它很像现在的广式凉茶，是吧？

从南宋往北走，渡过淮河就是金国，金国是女真人建立的政权，那儿的风俗跟大宋刚好相反，客人来了先上汤，客人走时再上茶。众所周知，女真人是满洲人的祖先，满洲人后来建立了清朝，因此清朝官场传承了祖先的规矩，经常搞端茶送客那一套。我常常猜想，假如清朝是汉人建立的政权，一定会传承宋朝先茶后汤的规矩，想让客人离开，就端起汤碗，这样端茶送客就变成端汤送客了。

玉冰烧，羊羔酒

佛山有一款酒叫“玉冰烧”，岭南特产，别的地方喝不到。我在网上买了一瓶，口感极佳，像茅台飞天一样绵柔，像凯泽黑啤一样顺滑，唯一的缺点是偏甜，不符合我这个北方人的口味。我在北方喝惯了老白干、高粱烧和二锅头，已经迷恋上那种苦中带酸的大曲味儿了，甜度一高，感觉不像喝酒，像喝饮料。

我不会酿造玉冰烧，不明白它的甜味是怎么来的，但我知道它为什么绵柔和顺滑——主要是因为酿造的时候加了猪肉。先用大米酿出黄酒，再用黄酒蒸出白酒（绍兴人民称之为“吊烧”），然后把白酒跟熟猪肉混到一块儿，封缸半年，滤掉肉渣，玉冰烧就做成了。这款酒之所以口感柔滑，正是因为酒液里融合了猪肉精华的缘故。

用猪肉酿酒是岭南人的绝活，中原人做梦也想不到这个创意。但是在宋朝，中原人曾经想到用羊肉来酿酒，酿出一种类似玉冰烧的羊羔酒。

《东京梦华录》卷二记载，北宋首都开封皇城前面有一条东西大街叫“曲院街，这条街上有很多酿酒作坊，其中一些作坊主要酿造羊羔酒，售价很贵，一般人喝不起。《武林旧事》卷三描述南宋皇帝率领群臣赏雪，赏完雪分赐御酒，赐的也是羊羔酒。由此可见，羊羔酒在北宋和南宋都很名贵，或许跟现在国产名酒里的茅台和五粮液属于一个档次。

羊羔酒的酿造方法跟玉冰烧颇有不同。首先是用料不同，玉冰烧用大米和猪肉酿造，羊羔酒用大米和羊肉酿造；其次是放肉的时间不同，玉冰烧是在做成蒸馏酒以后才放肉，羊羔酒则是一开始就把羊肉汤跟米饭混合起来，然后拌曲酿造，始终未经蒸馏。例如，南宋养生大全《寿亲养老新书》记载羊羔酒酿法：“米一石，如常法浸浆。肥羊肉七斤，曲十四两，诸曲皆可。将羊肉切作四方块，烂煮，留汁七斗许，拌米饭、曲，更用木香一两同酝，不得犯水。十日熟，味极甘滑。”

众所周知，米酒发酵最怕沾油，否则很快会长出黑毛，玉冰烧之所以能酿造成功，就是因为发酵完成才放肉，宋朝人却直接把肉汤拌到米饭里，凭什么能酿成功呢？我估计跟放了木香有关，不过不确定，以后可以试验一下。

雪花酒

苏东坡的学生张耒很爱喝酒，不管走到哪里，一定要尝尝当地产的酒。据他评价，扬州高邮酒最好喝，跟御酒不相上下，其次是河南淮阳出产的琼液酒，名副其实，堪比琼浆玉液。

琼液酒是用黍子酿的。把黍子泡软，放到磨盘里磨碎，倒进大铁锅，添水煮熟，熬成稠粥。等粥放凉了，拌上酒曲，封缸发酵。在酒曲的作用下，黍子里的淀粉很快糖化、水解，不断产生酒精和二氧化碳，缸里的酒液自然越来越多。等酒液把黍子浸没，舀一小勺尝尝，味道是甜的，微有苦味，这时候就可以煮酒了。连酒带糟倒进锅里，加一盆凉白开，盖上锅盖，大火猛煮，煮到满屋子都是酒气，停火，把酒糟滤掉，再用细纱把酒液过滤几遍，最后封进坛子里，埋到地下。过几年刨出来，去掉泥封，打开坛子，坛子底有一层薄薄的沉淀物，沉淀物上就是琼液酒。

第一步，把黍子磨碎。

第二步，把磨碎的黍子煮熟，放凉，拌入酒曲。

第三步，将拌匀酒曲的黍子封入发酵缸，密封发酵，待到酒液浸没黍子，且酒液不再苦涩时，停止发酵。

第四步，连酒带糟倒进大锅烧煮，煮开后停火，滤去酒糟，封缸保存三年即成。

琼液酒加工流程，本书作者绘制。

琼液酒的度数很低，不到十度，但是气味醇香，口感轻柔，而且看起来清澈透亮，跟冰水一样。现代人造酒，成品酒基本上都是清澈透亮的，但是宋朝不一样，那时候造酒的设备比较简陋，又不经过蒸馏，所以酒色大多偏红或者偏绿，酒体也比较浑浊，这就显出了琼液酒的可贵。

我没有喝过琼液酒，但我能猜到这款酒的味道：除了醇香，必定还会有轻微的苦味和涩味，因为黍子酒都有这样的特点。为了去除苦涩，讲究的人会在喝酒之前调制一下，比如加点冰块，或者加点蜂蜜。可惜这样也会影响酒的醇香。

宋朝还有一种调酒方法：取羊腿一只，去皮去骨去筋膜，只留精肉，用温水泡净血丝，切成薄片，先煮后蒸，蒸到烂熟，切成肉丁，捣成肉糊，掺一点儿羊髓，再掺一点龙脑，拌匀了，放凉了，装到小瓷坛里，什么时候喝酒，舀一小勺出来，往酒壶里一放，端到热水里温一温，就大功告成了。

如此精心调制的酒，被宋朝人称作“雪花酒”。雪花酒成功去除了琼液酒的苦涩，同时保留了琼液酒的醇香，应该算是一种比较成功的鸡尾酒。不过这款鸡尾酒的售价肯定很贵，因为它要用到羊肉和龙脑，羊肉在宋朝很贵，龙脑也是一种贵重香料。

蓝尾酒

国产酒有很多种品牌，茅台、五粮液、剑南春、杏花春、玉冰烧、衡水老白干、红星二锅头、燕京啤酒、青岛啤酒、绍兴花雕、镇江三白……把市面上的白酒、啤酒、黄酒、红酒统统加一块儿有几千种。

宋酒同样丰富多彩，据《武林旧事》卷六《诸色酒名》，仅南宋中叶就有流香酒、银光酒、雪醅酒、色峰酒、蔷薇露、琼花露、思堂春、蓬莱春、秦淮春、浮玉春、丰和春、皇都春、有美堂、中和堂、清白堂、元勋堂、真珠泉、萧洒泉、齐云清露、北府兵厨、第一江山、蓝桥风月等牌子，这还都是在全国叫得响的名酒，名气小的不收录。

南宋文学家朱弁在文言小说集《曲洧旧闻》里做了更全面的统计，除了宫廷酿造的御酒、朝廷特许宰相、勋臣、太监和皇亲酿造的私酒，宋朝还有将近

出土的宋朝酒瓶，羊城晚报 2014 年 3 月 26 日《文史小语》插图。

三百种地方名酒，像广州出产的十八仙、韶州出产的换骨玉泉、湖州出产的碧澜堂、剑州出产的东溪酒，都是全国闻名的。需要说明的是，那时候的商标管理似乎不太规范，以至于各地名酒在牌子上会出现重复现象。例如临安大酒坊和乐楼出产琼浆酒，另一座大酒坊仁和楼也出产琼浆酒；河北河间府酒厂出产金波酒，而山西代州、江西洪州、浙江明州、四川合州也都生产金波酒。也许宋朝厂商们会为此打官司，但是目前为止我还没有在任何文献中发现这样的案例。

宋朝还有一个很奇怪的酒名，乍一听好像是鸡尾酒的同胞兄弟，叫作“蓝尾酒”。这款酒大概在唐朝就有，如白居易有诗：“岁盏后推蓝尾酒，辛盘先劝胶牙饧。”意思是过年的时候要喝蓝尾酒。苏东坡也说过：“蓝尾忽惊新火后，遨头要及浣花前。”意思是过完寒食节也要尝尝蓝尾酒。

蓝尾酒其实不是一种品牌，它的得名源于古人敬酒的习俗：平日敬酒，先长后幼，表示敬老，可是到了春节和其他重大节日聚餐，敬酒的次序却要反过来，因为老人每过完一个节日，就离死亡更近了一步，所以让年轻人先喝，最后才向老年人敬酒，以免引起他们的悲伤。换句话说，老年人只能喝剩酒。唐宋俗语把剩酒剩饭叫作“婪尾”，剩酒就是婪尾酒，而婪尾酒不好听，于是就改叫“蓝尾酒”了。

苏东坡的鸡尾酒

当年苏东坡惹朝廷不满，被贬官到黄州，工资停了，奖金没了，津贴什么的更不用说。他又不会经商，全靠几十亩薄地养活家小，秋收冬种，春耕夏锄，十分辛苦，但是家里却不缺好酒。

那些好酒当然不是他花钱买的，他买不起；也不是行贿者送的，因为他已不是领导，别人用不着巴结他；更不是他自己酿的——苏东坡虽然懂酒，却不会酿酒。他曾经异想天开，用蜂蜜来酿酒，以为酿出来肯定很甜，谁知蜂蜜腐败变酸，糯米长满绿毛，成品酒五彩斑斓，好像夕阳下的臭水沟。他不甘心，壮着胆子尝了一口，把肠胃喝坏了，拉稀拉到腿肚子转筋（参见叶梦得《避暑录话》卷上）。

那么，苏轼是从哪儿弄来的好酒呢？其实是他的粉丝送的。他是大文豪，文章和诗词驰名天下，很多人仰慕他，所以送酒给他喝。

苏轼是很爱喝酒的，可惜酒量太窄："饮酒终日，不过五合。"（苏轼《东皋子传》）花一天时间去喝，只能喝半升（五合为半升，宋朝半升不到三百毫升），最多相当于一瓶啤酒。由于量窄，所以喝得少；由于喝得少，所以剩得多。粉丝前前后后给他送了几十斤好酒，他只喝了几斤，剩下的不舍得卖掉，就在屋里攒着。

他家北墙根摆着一长溜酒坛子，每个坛子里都装着大半坛名酒。到了夏天，坛子密封不好，苍蝇蚊子乱飞，苏轼怕酒腐坏，找了一个大缸，把那些剩酒统统倒进去，盖上盖子，封上黄泥，什么时候来了客人，就从缸里舀酒待客。苏东坡在黄州时给自己盖过三间简易房，房间四壁画满雪景，美其名曰"雪堂"，那一缸混合酒就存放在雪堂里，因此苏轼为它取名叫"雪堂义樽"。

其实苏轼应该顺手从鸡尾巴上拔根毛，哗啦哗啦把酒搅匀，然后改名叫"鸡尾酒"。我们知道，大约要到八百年后，纽约某酒馆一个名叫贝特西·弗拉纳根的服务员把几种剩酒倒进一个大容器里，冒充新酒给客人喝，结果鸡尾酒横空出世了。

大羹和玄酒

我家乡有一座酒厂，早年生产啤酒，风味独特，喝着有一股酱香味儿，号称“啤酒中的茅台酒”。大多数人喝啤酒，图的是清凉爽口，酱香啤酒口感醇厚，跟爽口无关，所以该款啤酒不受欢迎，不到三年，酒厂就倒闭了。

后来这家酒厂破产重组，改酿白酒，最近推出一个新牌子，叫作“玄酒”。玄酒包装典雅，外面是木盒，里面是陶瓶，丰肩瘦底，小口短颈，很像宋朝的梅瓶。至于口味，我觉得很一般，跟同价位的白酒比起来，说不上好，也说不上差，寻常而已。

产品想打开市场，得讲文化包装，而所谓文化包装，其实就是吹牛，要么根据传说吹牛，要么根据历史吹牛。这款玄酒也吹牛，可惜吹得没凭没据——厂家居然说玄酒源自周朝，是最上乘的美酒。

周朝有没有玄酒？有。但那根本不是酒，而是一杯清水。清水没有酒味，一点儿都没有，既没有酱香，也没有清香，周朝人宴客，绝对不喝它，但在祭祀的时候，它却必不可少。周朝以降，从秦汉到明清，皇室参加大型祭祀，供品里一定要有几杯清水，也就是玄酒。你要是往供桌上摆一堆茅台飞天和尊尼获加，而不摆上几杯清水，那就违背传统了，御史会揭你的短，说你不孝。

玄酒不是酒，为什么要当成美酒来祭祀祖先和神灵？先贤孟子说，这是为了节俭——用清水祭祀不用花钱。大儒郑玄说，这是为了复古——上古时代没有酒，只能用水祭祖，所以后世也得这样做。宋朝皇室用玄酒祭祖，应该是为了复古，因为宋朝宫廷的祭桌上主要是美酒，玄酒只是起到点缀作用，要是图省钱，只用玄酒就行了。

宋朝大儒都是好古一派，如程颐、朱熹，必用玄酒祭祀。除了用玄酒，他们还要用大羹，也就是不加盐的白煮肉。为什么？因为他们熟读经典，认为上古没盐，煮肉只能白煮，所以后世祭祖也不能放盐。

经过历代大儒的反复提倡，用清水和白煮肉做祭品成了主流，所以玄酒和大羹也就具备了高尚的文化内涵。陆游写诗说：

琢琱自是文章病，奇险尤伤气骨多。

君看大羹玄酒味，蟹螯蛤柱岂同科？

写文章贵在本色表达，越平淡越有味道，不信你看看玄酒和大羹，虽说淡而无味，可是比精心烹调的海鲜还高档得多呢！

蘸甲

央视有一个纪录片，前几年热播，是讲茶的。片子里有藏民喝茶的镜头：左手端着茶碗，右手无名指伸到茶汤里，蘸一蘸，拿出来，向空中弹掉手指上的茶水，如是三次，然后才开始喝茶……

这个镜头很短，几乎没有人注意，但我注意到了，因为看这部纪录片的时候，我刚好在湖南探访土家族生活，刚刚发现土家族人敬酒也有相似的动作，也是用无名指的指尖蘸一蘸酒水，向空中弹洒三次，然后才请客人喝。

我原先猜想，如此喝茶与敬酒，也许源于唐宋的蘸甲。

白居易《早饮湖州酒，寄崔使君》："一榼扶头酒，泓澄泻玉壶。十分蘸甲酌，潋艳满银盂。"关键词是蘸甲。

杜牧《后池泛舟送王十》："相送西郊暮景和，青苍竹外绕寒波。为君蘸甲十分饮，应见离心一倍多。"关键词也是蘸甲。

此外，辛弃疾《临江仙》里有一句"蘸甲宝杯浓"，吴文英《声声慢》里有一句"辜负蘸甲清觞"，南宋清官舒邦佐在大雪天饮酒驱寒，"一杯蘸甲寒威退"，关键词都是蘸甲。

蘸甲在唐诗宋词里频繁出现，我猜它是一种习俗，一种礼仪，就跟藏民喝茶和土家族人敬酒一样，用指甲蘸一蘸，弹一弹，表达某种敬意。但是现在我发现，蘸甲根本不是这个意思。

藏族人多信佛，弹茶三次是供养三宝（佛、法、僧）；土家族人多信神，弹酒三次是供养三光（日、月、星）。之所以都用无名指，是因为在藏族人和土家族人心目中，无名指最高贵、最干净，用别的手指不合适。

唐宋诗词里的蘸甲却跟供养神佛完全没关系，它只是一种比较形象的表达，表示斟酒斟得很满。用宋朝人的话说，“酒斟满，捧觞必蘸甲。”（朱翌《猗觉寮杂记》卷上）酒斟得太满了，一端起酒杯，酒水溢出来，指尖上沾的全是酒，这才叫“蘸甲”。

国人喝酒跟外国人不一样，外国人喝酒从不斟满（除了喝啤酒），高脚杯子盛洋酒，杯子很大，酒水很少，小口慢呷，喝完再斟。中国人敬客，讲究“茶七、饭八、酒十分”，酒杯必须满满当当，喝酒必须一饮而尽，不如此不足以表示好客，不如此不足以表现豪气。宋人有诗云：“他日相逢重把酒，莫辞蘸甲十分深。”（南宋吴芾《和鲁季钦别后寄》）一句话，我给你斟满，你给我喝干。

韩世忠喝酒

南宋总是挨打，总是受挤对，结果挤对出来一批会用兵的高手，如岳飞、张俊、刘锜、吴璘、韩世忠、虞允文、李显忠、杨存中、刘光世、辛弃疾，都是能打仗的将领。

在这批高手里面，我只喜欢三个人：岳飞、刘锜、韩世忠。

岳飞不怕死，不爱钱，用兵如神，不崇拜他的人应该不多。刘锜也不爱钱，南宋武将都吃空饷，就他跟岳飞不吃，岳飞还有高额福利（宋高宗频繁赏赐金银，后来还给岳飞盖了一幢别墅，岳飞死后，别墅收回，改成太学宿舍），他没有，退休以后家境贫寒，请客吃饭不敢去大酒店，只能在村口鸡毛店待客。金主完颜亮南侵，宋高宗重新起用他，他坐着敞口的破轿子路过镇江，镇江十几万市民跑出来迎接，哭着送了一路，可见他是很得民心的。

韩世忠用兵不如岳飞，清廉不如刘锜，不过他很好玩，是一个既豪爽又有趣的汉子。

韩世忠是陕西人，二十岁之前一直在北方生活，从来没见过竹笋。南宋初年，他去扬州给宋高宗护驾，扬州某乡绅请他吃饭，他指着餐桌上一道菜问道："这是什么？"乡绅说："竹笋。""什么树上结的？""不是树上结的，这就是竹子，刚刚发出来的竹子。"韩世忠很奇怪，心说：真稀奇，原来竹子也能吃。回去他就把熏衣服的竹笼给拆了，拔刀剁碎，扔锅里煮，煮了半天也嚼不动，不禁气愤愤地说："吴人欺我！"南方人耍老子！

韩世忠还特爱喝酒，他喝酒的时候有一个怪癖：只喝酒不吃菜。因为他觉得酒是天底下最美味的东西，再好吃的菜都不配跟酒放一块儿。宋人笔记有载："（韩世忠）每与军官饮，用巨觥无算，不设果肴。"（《清波杂志》卷五）韩世忠跟部下聚会喝酒，特大号的酒杯摆满餐桌，就是不摆果盘和下酒菜。

人跟人不一样，韩世忠喝酒不爱吃菜，他的部将王权喝酒却必须有菜，干喝实在喝不下去。有一回喝酒，王权在怀里偷偷揣了一根大萝卜，趁人不注意，咔嚓咬了一口，结果被韩世忠发现了。韩世忠拍案而起，一把薅住王权脖领子，狠狠揍了他一顿，边揍边说："小子如此口馋！"你小子嘴真馋，喝酒就是喝酒，你竟敢吃菜！

宋朝人的酒量

宋朝开国皇帝赵匡胤有个爱好，特别喜欢喝酒。他曾经对人说："朕每日宴会，承欢致醉，经宿未尝不自悔也。"（司马光《涑水纪闻》）意思是，每天都想喝酒，每次都会喝到大醉，第二天早上起来总是发下毒誓，发誓再也不喝酒了，可是到了晚上酒瘾一上来，还是忍不住要喝，一喝还是忍不住喝到大醉。

我觉得赵匡胤跟我是一个毛病。每天早上我都对自己说："老李，你要滴酒不沾！"结果到晚上接到酒局电话，心痒难耐，两条腿不听使唤。在饭桌上看见酒，心说这回得少喝，结果一喝就爽，一爽就多喝，把酒杯端起来，把理性摔地上，敞开了喝。散局回家，胃里翻江倒海，第二天早上再次发毒誓滴酒不沾，到了晚上再次赴局狂饮。我多次尝试戒酒，最长的一次戒了一个星期，酒友们夸我有毅力，值得大家学习，为了表达对我的敬意，纷纷过来敬酒，于是我又喝到大醉。

不贪杯的朋友可能理解不了，其实这叫"酒瘾"。人类有五种行为容易上瘾：抽烟、喝酒、嗑药、赚钱、当官。人一旦染上酒瘾，不是那么容易就能戒掉的。

宋朝有酒瘾的家伙多如牛毛，除了开国皇帝赵匡胤，后来的皇帝也都爱喝，比如宋太宗、宋真宗、宋仁宗、宋徽宗，都是一天不喝酒就浑身不舒服。我估计这跟遗传基因有关，他们老赵家有酒精依赖的基因。

《水浒传》里的梁山好汉更爱喝酒，特别是武松，可以不吃饭，不能不喝酒，他还有句名言："你怕我醉了没本事？我却是没酒没本事，带一分酒便有一分本事，五分酒五分本事，我若吃了十分酒，这气力不知从何而来！"可能他的神经系统与众不同，越用酒精刺激就越亢奋。

武松没有吹牛。他上景阳冈之前，先在酒店里喝了十八碗，然后赤手空拳打死老虎。后来帮着金眼彪施恩打蒋门神，又讲究"无三不过望"。"望"指的是酒店外面挂的招牌，每看见一家酒店的招牌，就得喝三碗，不然他不走。结果总共喝了约三十碗，才六七分醉，跟蒋门神比武，旗开得胜，马到成功，一脚就把蒋门神踢倒了。

我见过北宋定窑烧造的酒碗，不算大，一碗能装两百毫升，不到半斤，比现在小饭馆里盛啤酒的那种一次性塑料杯稍微大一点。假如武松在景阳冈下喝酒时用的就是这种酒碗，十八碗等于六斤酒。打蒋门神时喝了三十碗左右，大约十二斤。

北宋定窑酱釉酒碗。

身为二十一世纪的酒鬼，我的酒量在中原地区堪称中等，五十度的白酒，我一顿能喝半斤，如果心情好，大约能喝八两，再多喝就烂醉了。我在豫南平顶山见过一个特别能喝的人，绰号“三炮”，意思是高度白酒能喝三斤。这种酒量在今天绝对是出类拔萃、凤毛麟角。武松一顿能喝十二斤，还不算十分醉，《水浒传》对他的海量是不是过分夸大了？

我认为并没有过分夸大。

第一，宋朝没有蒸馏酒。把米饭蒸熟，放凉，拌上酒曲，让它发酵，发酵到一定程度，米饭都变成了酒糟，用酒筛过滤，放进坛子里密封起来，少则三月，多则十年，打开坛子，酒就熟了。这样酿造出来的酒，最高度数不超过十五度，一般度数在十度以下，比现在白酒的度数低得多，多喝一些是可能的。

说到酒的度数，宋朝人还有一歌谣：“浙右华亭，物价廉平，一道会买个三升……教君霎时饮，霎时醉，霎时醒。”（陈世崇《随隐漫录》）浙右华亭指的是上海。上海那边酒价便宜，一贯钱能打三升酒，一个人很快就能喝完，很快就会醉，醉了以后很快又会醒。宋朝三升酒刚好三斤，不过宋朝的斤比较大（现在一斤五百克，宋朝一斤将近六百克），这三升酒折合现代市斤的话将近四斤。一个普通人很快就能喝完四斤酒，就算喝醉了很快又会醒过来，说明酒精度比较低，跟啤酒差不多。

第二，宋朝文献里记载过一些大酒量的酒鬼，跟那些人相比，武松的酒量并不算出奇。

宋真宗时有个大臣叫石延年，字曼卿，史书上说他“喜剧饮”（《宋史》卷四百四十二《石延年传》，喜欢不要命地喝酒。他曾经在东京汴梁王氏酒楼喝酒，“终日不交一言……饮啖自若，至夕无酒色”（同上）。从早上喝到晚上，而且不说一句话，只顾埋头喝酒，最后还没有喝醉。

北宋的大学问家沈括很熟悉石延年的生活细节，他在《梦溪笔谈》里浓墨重彩地描述了石延年与众不同的喝酒习惯：有时候专门爬到树上喝酒；有时候专门戴着脚镣喝酒；有时候在屋里大梁上吊一个绳套，喝酒的时候把自己的脑袋伸到绳套里去，喝完酒再把脑袋缩回去。

石延年喝酒时为什么会有这么多怪习惯？因为他的酒量实在太大，只是多喝已经不对他构成刺激了，必须用些古怪动作来配合，才能找到过瘾的感觉。

石延年具体能喝多少酒，现存的史料上没有记载。但是他有个绰号，人称“石五斗”，意思是说他最多能喝五斗酒。宋朝一斗少说能装十斤酒，五斗能装多少？五十斤！很明显，这个绰号过于夸张，因为五十斤酒肯定远远超过人类的生理极限，再能喝的人也喝不了那么多。但是这个绰号足以证明石延年太能喝，不然人们不会叫他“石五斗”。

宋仁宗即位以后，想把石延年提拔到宰相的位置上，对近臣说：“石曼卿这个人有才能，就是喝酒太多了。”这句话传到了石延年耳朵中，他下定决心戒酒。后来他戒酒成功了，也死了（参见《梦溪笔谈》卷九《人事》）。俗话说得好，人若反常，不病即亡。喝酒当然对健康不利，但是酒瘾应该慢慢地戒，如果一下子戒掉，身体和精神可能会承受不住。

无论是历史上的石延年、张耒，还是小说里的武松，他们的酒量都不能代表所有的宋朝人。绝大多数宋朝男子的酒量并不比我们大。苏东坡的学生张耒说过：“平生饮徒大抵止能饮五升，已上未有至斗者。”大多数酒鬼最多能喝五斤（宋朝一升能装一斤左右），从来没见过连喝十斤的。现在的酒鬼如果胃容量足够大，喝十斤啤酒应该不成问题。

人跟人不一样，总有一些人天生酒量小，你给他一天时间，他也喝不完一瓶啤酒。苏东坡就是这样的人，他在《东皋子传》中写道：“予饮酒终日，不过五合。”五合等于半升，不到一斤的低度酒，苏东坡老师喝一天都喝不完。所以他又说："天下之不能饮无在予下者。"这世上大概没有比我更不能喝的人了。

一斤宋酒多少钱

多读古诗，可以了解酒价。

杜甫诗云："速宜相就饮一斗，恰有三百青铜钱。"买一斗酒得花三百文。

李白诗云："金樽清酒斗十千，玉盘珍羞直万钱。"每斗能卖十千，一万文一斗。

王安石诗云："百钱可得酒斗许，虽非社日长闻鼓。"一百文就能买一斗，比李杜时代便宜多了。

唐朝一斗有六千毫升，宋朝一斗将近六千毫升，相差不远。六千毫升酒能有多重？大约十斤（酒比水轻，六千毫升水有十二斤，六千毫升酒只有十斤）。杜甫花三百文买十斤酒，说明每斤卖三十文；王安石花一百文买十斤酒，说明每斤只卖十文；至于李白说的斗酒十千，折合每斤售价上千文，那是诗仙在夸张，或者是非常稀有的极品美酒。

宋朝也有极品美酒，例如蔷薇露和流香酒这两款酒，大内酿造，皇家特供，绝不对外销售（《武林旧事》卷六《诸色酒名》）。如有小太监偷着卖，一经发现，"刺配远恶州军牢城"（《宋会要辑稿》食货五十二之二）。所以这两款酒是无价的，甭说一斗十千，一斗十万也买不到。

宋朝老百姓喝的酒倒不贵，北宋国营酒厂有定价可查：春天酿造，秋天出售，叫"小酒"，小酒分成二十六个等级，最低档五文一斤，最高档三十文一斤（与杜甫说的价钱相符）；冬天酿造，夏天出售，叫"大酒"，大酒分成二十三个等级，最低档八文一斤，最高档四十八文一斤（参见《宋史》卷一百八十五《食货志·酒》）。王安石买一斤花十文，不管他买的是大酒还是小酒，等级都不会很高，否则买一斤得花三十文以上。

即便三十文一斤的酒，在宋朝市场上也不算高价。据《东京梦华录》记载，宋徽宗时开封曲院街酒坊生产好酒，银瓶酒卖到七十二文一斤，羊羔酒卖到八十一文一斤，比国营酒厂生产的最高档大酒还要贵一倍左右。

用我们现代人的眼光来看，八十多文一斤的羊羔酒也不能算贵，因为北宋常年米价三十文一斗，买一斤羊羔酒只相当于付出将近三斗米的代价。当时一斗米八九斤重，三斗也就二十多斤，以一斤米三元折算，三斗也不到一百元。不到一百块钱就能买一斤好酒，怎么能算贵？现在一瓶普通茅台都卖一两千元呢！

第八章

宋朝酒令入门

觥筹交错

欧阳修的《醉翁亭记》脍炙人口，其中有这么一段话：

“宴酣之乐，非丝非竹，射者中，弈者胜，觥筹交错，起坐而喧哗者，众宾欢也。”

请注意，这段话里使用了一个成语：觥筹交错。

觥是酒杯，筹是小棍子。酒杯用来喝酒，小棍子用来干什么？谁不喝酒就用小棍子打他吗？当然不是，小棍子是用来计数和行酒令的。

比方说小明跟小强在宴席上拼酒，看谁能在规定时间内喝得最多（宋朝酒风比唐朝文明，比今天开放，拼酒之人比比皆是）。这就需要规规矩矩地计数，不然仅凭脑子记忆，俩人互不认账，最后会打起来。怎样规规矩矩地计数？用筹，也就是那种半尺来长的小棍子。小明喝完一杯，在自己跟前放一根筹；小强喝完一杯，也在自己跟前放一根筹。等俩人都喝不下去了，分别查对方跟前的筹共有多少根就行了。

宴席上的筹可不是普通的小棍子，上面还刻字。有的刻“惧内者饮”，意思是怕老婆的喝一杯；有的刻“讳言惧内者饮”，明明怕老婆却不愿承认的喝一杯；有的刻“身矮者一盏”，谁个子矮谁喝；有的刻“身长者一盏”，谁个子高谁喝；有的刻一句谜语，让你猜，猜中了通过，猜不中就得喝一杯；有的刻一句唐诗，让你背诵下一句，背不出来也得喝一杯。总之五花八门，刻什么内容的都有。

宋朝人聚饮，如果不想行别的酒令，就把这些刻字的小棍子放到一个大竹筒里，客人轮流从竹筒里往外抽小棍子，像抽签一样，一次抽一根小棍子，看上面刻的是什么文字，按照文字上的要求，该谁喝酒就让谁喝酒。比如说我先抽一根，上面写着“离过婚的喝一杯”，那我就不必喝了，因为我没离过，你要是离过，你就得喝。然后你也抽一根，上面写着“迟到的罚三杯”，那我还不用喝，因为我参加宴席从来都不迟到，而那些总是喜欢开车赴宴的朋友估计就中招了，因为路上太堵，停车位又太难找，开车赴宴一般都会迟到。

用筹行令大概是宋朝宴席上最简单的酒令了，行这种酒令用不着思考，用不着反应敏捷，更用不着比学问大小，谁都能玩，谁都会玩。正因为谁都会玩，所以在酒桌上用筹行令应该会很热闹。

九射格

宋朝酒令非常丰富，有的酒令考验运气，有的酒令考验记忆，有的酒令考验历史知识，有的酒令考验诗词格律，有的酒令考验反应能力，还有的酒令专门考验暗器功夫，例如投壶和九射格。

投壶是很古老的酒令，在春秋战国时期就很流行。取一个旧式大铜壶，中间有口，两边有耳，远远放在地上，每个宾客发一把箭，轮着往壶里投，每人可以投一次，也可以连续投上好几次。

如果一次只投一支箭，看谁能用最少的次数投进壶口，只投一次，一次投进，这人算是大赢家，可以命令其他宾客各饮一杯。连投三次，才投进去一次，而其他宾客连投四次甚至五次也没投进去一次，这个人仍然是赢家，仍然可以命令其他宾客喝酒。如果他投了很多次都没有投进，那他就是输家，别等人催了，赶紧自罚一杯。

也可以同时投三支箭，三支全投进壶口者免喝；三支中有一支没投进，得喝一杯；三支全没有投进去，得喝两杯或者三杯。一流的投壶高手就像江湖上的暗器名家，一次扔出三支箭，三支全中，一支投进左边的壶耳，一支投进右边的壶耳，还有一支投进壶口。这样的高手可遇而不可求，如果你在酒桌上遇到，那是你的不幸，他投壶，你得喝酒，哦不，酒桌上的所有人都得喝酒，以此表达对高手的敬仰之情。

九射格是宋朝大文学家欧阳修发明的新式酒令，跟投壶一样考验暗器功夫，但它在程序上要比投壶稍微复杂一些。

找一个竹筒，竹筒里放一把小竹棍，小竹棍上分别刻着动物名称，比如“熊”“兔”“虎”“鱼”之类。再找一个圆盘，圆盘中心画一只狗熊，圆盘边上分别画上梅花鹿、小金鱼、小白兔、大雁、大老虎、金眼雕、野鸡和猿猴，一共画九种动物。

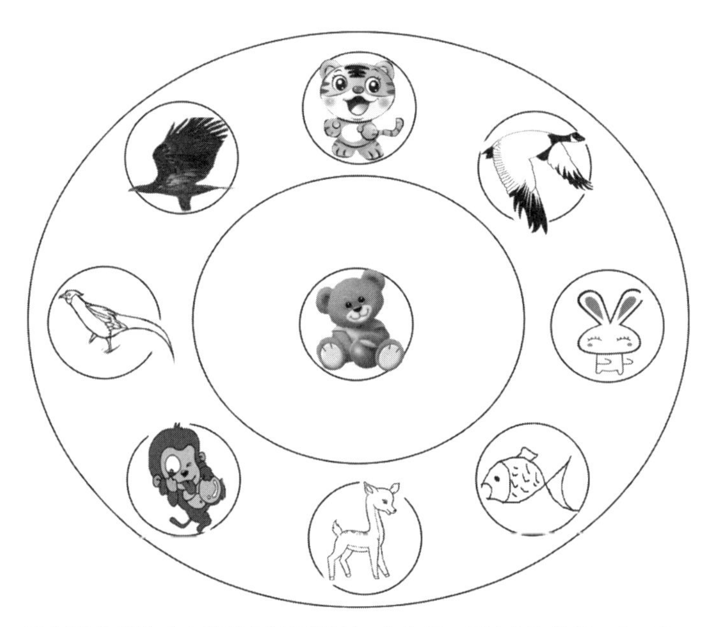

欧阳修发明的“九射格”（示意图），中为熊，周边依次为鹿、鱼、兔、雁、虎、雕、雉、猴。本书作者绘制。

两样东西都齐备了，发给客人一支钢镖或者梅花针，让大家轮流从竹筒里抽签，抽到“熊”的就用飞镖去打圆盘上画的熊，抽到“鹿”的就用飞镖去打圆盘上画的鹿。打中了，换下一位；打不中，罚酒一杯。如果你抽中的小竹棍上刻着“熊”，且一镖打进九射格的圆心，那么除了你，在座的客人们必须同时举杯。

划拳和五行

现在酒桌上文明多了，想喝就喝，想喝几杯就喝几杯，要是不想喝，没人会硬灌。至于吆五喝六，猜枚划拳，更是难得一见，偶尔在夜市撞见一回，会觉得很稀奇。

记得我小时候，也就是大约二十年前，划拳曾经很流行。尤其是农村，无论红白宴席，还是哥们儿小聚，男人一定要狂喝，喝酒的时候一定要划拳，划拳的时候一定要扯着嗓子高喊，满席嘈杂，声震屋瓦。

我老家在豫东平原，我们那儿划拳是这样的：俩人对战，同时出手，各自喊出某个数字，如果双方所伸手指的数目加起来，等于某一方所喊的数字，那一方就赢了，而输了的一方就得喝上一杯酒。

比如说咱俩划拳，你我同时伸出右手，我伸出两根手指，你伸出三根手指，我喊的是“五魁首”，你喊的是“六六顺”，不好意思，我赢了，你得喝。假如我伸出五根手指，你伸出四根手指，我仍然喊“五魁首”，你仍然喊“六六顺”，那就得继续划下去，因为咱俩谁也没赢。

像这样划拳，自始至终都在玩加法，很简单，没有什么内涵。还有一种比较有内涵的划拳方式，是宋朝人发明的，叫作“五行拳”。

五行拳也是俩人对战，也是同时出手，但是每次只伸一根手指。按照游戏规则，五指代表五行：拇指为金，食指为木，中指为水，无名指为火，小指为土。我伸拇指，你伸食指，金能克木，我赢。我伸拇指，你伸无名指，火能克金，你赢。我伸食指，你伸中指，我们就打成平手，因为食指代表的木和中指代表的水谁都不能克谁。

和今人擅长的加法拳相比，五行拳的内涵主要表现在两个方面：第一，它源于五行生克，而五行生克属于哲学，把划拳上升到哲学层面，当然比纯粹玩加法有内涵；第二，五行拳只伸手指，不喊数字，无须出声，不至于制造噪音，很有儒家范儿。儒家讲究“食不言”，五行拳更进一步，连划拳都不言语。

日本也有一种古老的划拳方式，叫作“虫拳”，跟宋朝的五行拳有些类似，玩法如下：双方每次伸出一根手指，这根手指可以是拇指，也可以是食指，还可以是小指，但是不能出别的手指。拇指代表青蛙，食指代表长蛇，小指代表鼻涕虫，鼻涕虫能克蛇，蛇能克青蛙，青蛙能克鼻涕虫，因此拇指能赢小指，小指能赢食指，食指又能赢拇指。

目前虫拳在日本已经式微，而五行拳在中国恐怕也不会东山再起了。没错，五行拳是比加法拳有内涵，问题是现在每根手指都有了新的含义，俩人划拳，彼此伸拇指还说得过去，要是有一方伸出中指，那不是骂人嘛！

投壶的规矩

司马光写过一本小册子，专门介绍怎样投壶。

他说，投壶之前，先摆酒席。酒席要摆到客厅里，如果客厅太小，就摆到院子里。千万不要在卧室里摆酒席，因为地方太小，没办法投壶。

摆好酒席，大家分东西两排站立，主人站在东边，客人站在西边，双方鞠躬行礼。然后主人发出邀请：“我准备了一只破壶、一捆坏箭，我们玩投壶好吗？”按照规矩，客人得推辞一番：“您已经备好那么一大桌酒菜了，怎么好意思再让您受累陪我们投壶呢？”主人说：“不受累，不受累，大家就别推辞了。”客人还得继续推辞：“还是算了吧，我们心里真过意不去。”主人坚持邀请，这时候客人得装出一副恭敬不如从命的样子，接受主人的邀请。

客套完了，主人捧出一捆箭和一只壶，把箭发给客人，把壶放到酒席南边，距离酒席两支箭或者三支箭连起来那么远。然后大家开始投壶，每人各投五次，谁把箭投进了壶里，主人就发给他相应数量的小棍子（算筹）。大家都投完了，最后查查筹码的数量，谁的筹码比较少就罚谁喝酒。

投壶用的壶是特制的，属于金属制品，很高很大，中间一个壶口，壶口两边还镶着两只空心的壶耳。投壶用的箭也是特制的，比打仗用的箭轻得多，也细得多，必要的时候，还可以用削去刺皮的荆条代替。

投壶有很多种游戏规则，最简单的玩法是每次只投一支箭，投进壶口给两个筹码，投进壶耳给一个筹码，投到地上不给筹码。比较复杂的玩法是每次投几支箭，全部投进壶口给两个筹码；一支投进壶口，另外两支分别投进壶耳，给三个筹码；全部投进壶耳给一个筹码；投到地上不给筹码。

作为一种古老的酒令，投壶不只在宋朝流行，还风靡于其他朝代，从春秋战国一直流行到明朝中叶，但是不知道什么缘故，到了清朝就被埋没在历史的尘埃里了。我猜这跟投壶的礼节太烦琐有关，等主宾客气完了，一桌子热菜全凉了，吃起来不利于健康。另外投壶还得有场地，现在酒店里的包间

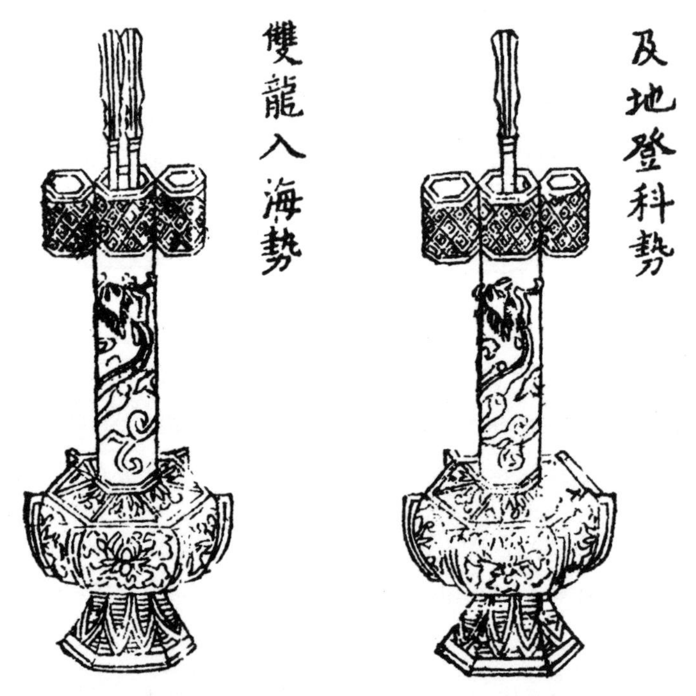

明人所辑的《投壶仪节》描述了很多投壶花样，如箭从地上弹起且跳入壶口为“及第（地）登科”，双箭同时投入壶口为“双龙入海”。

肯定不行，进深太短，壶得放到门外去，一箭飞出，把端菜的服务员给扎了，算你的算我的？

酒席上的管弦

有一年去扬州，在瘦西湖旁边的一个夜市吃地摊，吃着喝着，忽然来了一姑娘，穿黑丝，抱琵琶，古今混搭，来到我们跟前，铮铮琮琮弹了一曲《春江花月夜》。朋友连声叫好，从兜里摸出五十块钱递给那姑娘。她接了钱，说了声谢谢，又到别的地摊上去弹了。后来我才知道，她是附近一所艺校的学生，到夜市上勤工俭学的。

还有一年去郑州，在一酒店里吃饭。那酒店新开张，老板是陕西人，从老家请了一个秦腔班子。我们在楼上喝酒，那班艺人就在楼下咿咿呀呀地唱，免费表演，不要小费，算是开业期间送给顾客的一点福利。

不管是在扬州吃地摊那回，还是在郑州喝酒听秦腔那回，离现在都有七八年了，但我一直印象深刻。不是我记性好，也不是因为饭好吃，而是因为喝酒的时候有活生生的人在旁边弹琵琶、唱秦腔，在我们现代人的宴席上，这类场景并不常见。

但这些在宋朝就很常见了。宋朝士大夫在一块儿喝酒，宴席上往往少不了管弦和歌舞，就跟我们去西餐厅吃饭的时候常有乐队伴奏一样。西餐厅的乐队太严肃，不会跟食客交流，你吃你的，他弹他的，一副井水不犯河水的样子。宋朝宴席上的乐队很活泼，很放得开，客人让奏什么曲子就奏什么曲子，让唱什么调子就唱什么调子，让给谁敬酒就给谁敬酒，让给谁劝酒就给谁劝酒。

其实宋朝乐队在宴席上的主要功能就是劝酒。譬如你请我去你家做客，摆出一桌酒菜，酒过三巡，我不想喝了，你就把你的家伎唤出来，让她们演奏一曲为我“送酒”。我如果不识相，还是不喝，你就让最漂亮的那个姑娘拿着酒杯送到我嘴边，同时掐着嗓子唱一段《酒神曲》。你说这时候我喝不喝？当然得喝，否则太不给人家面子了。

宋朝绝大多数人都养不起家伎，不过可以到外面酒店里请客。大酒店有乐队，随叫随到。小酒店没乐队，但是外面的乐队会过去客串。顾客随时可以吩咐跑堂的：“叫一个唱的来！”不一会儿就有姑娘怀抱琵琶来到近前，铮铮琮琮给你弹一首曲子。

边吃饭边跳舞

唐朝有两个大官，一个叫李蔚，一个叫韦昭度。有一回，李蔚去拜访韦昭度，门上人没眼色，骗他说韦大人不在家，李蔚只好回去了。走到半路上，知情人告诉李蔚：“老韦其实在家，他这是故意让您吃闭门羹啊！”李蔚大怒，以为韦昭度瞧不起自己，发誓要跟他绝交。

韦昭度听说了这件事情，赶忙摆了一桌非常丰盛的宴席，派人去请李蔚来喝酒，以此向李蔚赔罪。李蔚到了韦家大门口，想起上回吃闭门羹的事儿，开始闹情绪，拒绝进门。韦昭度只好亲自出门迎接，“舞《杨柳枝》，引公入”（钱易《南部新书》卷己）。

《杨柳枝》本是隋朝曲子，到了唐朝演变成诗词和舞蹈，演变成的诗词是七言绝句，演变成的舞蹈是一种邀请舞。这种舞目前已经失传，我们只能凭空想象韦昭度的动作，大概这哥们儿又是招手又是晃肩，扭着大胯来到李蔚跟前，旁边的仆人一起跺脚给他打拍子，这般隆重地邀请李蔚进门就座。

韦昭度官高位尊，曾经当过宰相，竟然跳舞迎客，似乎不太雅相，但在唐朝很正常。唐朝大型宴席上，唱歌跳舞是必有的环节和必备的礼节，主人请客人就座时要跳舞，给客人敬酒时要跳舞，同时客人也要唱歌跳舞

［宋］马远《踏歌图》，现藏故宫博物院，图中几个老人酒后回家，一边跺脚打拍子，一边唱歌，此乃唐朝遗风。

来答谢主人。好在那时候的舞蹈动作不太复杂，就算学不会，也可以跟大家明说。千万不要等别人舞到跟前，还大模大样地坐着，至少得站起来使劲道歉，然后自罚三杯。从这个角度看，现代人若去唐朝参加宴席绝对是一项苦差事。

相比来说，还是去宋朝赴宴省心省力，因为宋朝人很文雅，主宾都坐着喝酒，唱歌跳舞的差事全交给家里的歌伎或者外面的乐队。我们看宋朝文人的记载，宴席上“出侍儿佐酒”“俾家伎送酒”“召女妓作乐”，指的都是让歌伎唱歌跳舞，代替主人向客人敬酒。

但是那些擅长写诗填词的宋朝士大夫并不省心，歌伎们整天唱老套的曲子，早唱厌了，看见席上有填词高手在场，比铁杆粉丝见了偶像都兴奋，会请他们“即席赋新词”。宋词那么发达，宋朝著名词人如柳永、晏殊和苏东坡能写出那么多作品，我觉得在一定程度上还得归功于歌伎在酒席上的催稿。

燕射

古人似乎很喜欢射箭，打仗的时候射箭，不打仗的时候也射箭。

天子祭祀祖先，各路诸侯乌泱泱地过来陪祭，跪拜不整齐，影响观瞻，这时候天子把弓箭发给他们，让大家比试高低，射中靶子的次数多，才有资格上去祭祀。再如，天子招待群臣喝酒，干喝没意思，划拳太俗气，也可以通过射箭来活跃气氛：同样的弓箭，同样的靶子，同样的距离，谁能射中，就赏谁一杯酒。

在《周礼》中，为了选拔陪祭人员而举行的射箭比赛叫“大射”，为了活跃宴席气氛而举行的射箭比赛叫“燕射”。“燕”跟“宴”是相通的，燕射自然就是宴射。

南宋第二个皇帝宋孝宗举行过一次燕射。当时是淳熙元年（公元 1174 年）农历九月，杭州城南有一座皇家花园玉津园，玉津园里摆了几十桌酒菜，宋孝宗在那里大宴群臣，太子、宰相、枢密使、翰林学士、中书舍人、各部尚书、各部侍郎和进京述职的地方官都参加了那场宴会。

酒过三巡，大家开始燕射。宋孝宗脱掉龙袍，换上紧身衣，第一个上场。太监把弓递给他，侍卫高喊一声：“看御箭——”群臣都恭恭敬敬站起来，看皇帝怎么射。只见孝宗从太监手里取过一支箭，搭到弓上，拉满，瞄准，松手，嗖——没中。孝宗不气馁，又取一支箭，再搭再射，这回中了！皇太子带头，文武百官齐呼万岁，向孝宗表示祝贺。

孝宗入座，换太子射。太子射了四箭才射中，百官齐呼千岁，向太子表示祝贺，孝宗很开心，赏了太子一杯酒。然后宰相、副相、枢密使、枢密副使按照品级依次射箭，无论中与不中，每人限射四箭。一轮射完，孝宗赐酒，谁射中谁喝。这个规矩跟投壶刚好相反，投壶是投进就可以免饮。

在这场燕射活动中，宋孝宗的成绩还算不错，两箭就射中了靶心。这能不能证明孝宗箭法高超呢？不能，因为他射箭的时候，靶子两边各站一排侍卫，“御箭之来，能以幞头取势转导”（《武林旧事》卷二《燕射》）。等御箭飞到近前，眼瞅着它偏离靶心太远，就用帽子拨一下箭头，然后就中了。

第九章

大内饮食探秘

皇帝一天吃几餐

我们知道，在旧社会，广大人民群众解决不了温饱问题，为了节省燃料和饭菜，往往一天只做两顿饭。且不说魏晋南北朝、唐宋元明清，就是到了民国时期，穷苦百姓还保留着一日两餐的习惯。

老百姓一日两餐，那皇帝呢？很奇怪，皇帝也是一日两餐。《宋会要辑稿·方域》记载宋朝帝王的饮食习惯，上午八九点钟让御厨做一顿饭，下午五六点钟再让御厨做一顿饭，每天只有这两顿正餐。清朝皇帝的规矩略有变化：早上六点半吃一顿，中午十二点半吃一顿，到了晚上，御厨原则上不给皇帝做饭——注意，只是“原则上”。

比较特别的是康熙皇帝，据他自己说：“朕一日两餐，当年出师塞外，日食一餐，今十四阿哥领兵在外亦然。”（《清稗类钞·饮食类》）平常一天吃两顿，出兵打仗的时候只吃一顿，他的儿子十四阿哥也继承了这个习惯。然后他又对几个汉臣说：“尔汉人若能如此，则一日之食可足两日，奈何其不然也？”你们汉人要是能跟我们父子一样俭省，一天的粮食就够两天吃了。

听了康熙的话，我们可千万别当真，因为他自己是做不到一天只吃一两顿饭的。他真正的饮食习惯是这样的：早朝前吃一些点心，早朝后吃一顿早饭，中午再吃一顿午饭，到了晚上，御厨确实不再给他做饭了，但在他翻了某个嫔妃的牌子以后，按照惯例那个嫔妃还要给他开一顿小灶（参见《清宫述闻》卷五）。这样算来，等于一天要吃四顿饭。

再看宋朝的皇帝，他们每天只有两顿正餐，但是在正餐之外，他们随时可以加餐，这叫“泛索”，意思是想什么时候吃就什么时候吃，随时随地都能加餐（参见《宋会要辑稿》方域四之七、职官十三之四）。

既然皇帝们实际上一天要吃好几顿，为什么偏要说每天只吃一两餐呢？没别的，向天下臣民昭示他们节俭，是秉承了艰苦朴素优良传统的好皇帝，如此而已。

大宋皇帝吃“西餐”

宋朝皇帝吃一顿饭，往往需要好几拨人服务。首先需要御厨里的“膳工”烹调出各色佳肴，然后需要“膳徒”给他端到跟前。端到跟前还不算完，还得有人擦桌子、铺桌布、叠餐巾、布菜、倒酒，甚至在皇帝吃每道菜之前还得替他尝一口，以免有人下毒。后面这些活儿已经跟御厨没有关系了，全靠宫女来完成。

负责替宋朝皇帝尝菜的宫女有几十个，轮流值班，统称“尚食”；负责布菜倒酒打扫卫生的宫女也有几十个，也是轮流值班，统称“司膳”。曾经有不懂厨行的史学家认为司膳就是给皇帝做饭的厨师，这就错了，司膳充其量只是些服务员罢了。

在这些大宋宫廷服务员中，有一位堪称功德无量，我不知道她姓甚名谁，也不知道她侍候过哪一个皇帝，只知道她在侍候皇帝喝酒的时候，偷偷抄下了一份布菜清单。后来这份清单被命名为《玉食批》，从宋朝一直流传到今天，是我们现代人窥视宋朝御膳的窗口。

根据那位司膳女士的记录，皇帝吃饭时总共喝了十五杯酒。宋朝的酒水度数很低，十五杯不算海量，可你知道皇帝总共叫了多少菜吗？三十道菜！

一下子叫三十道菜，要多大的餐桌才能摆得下？其实这些菜不是呼啦一下全端上来，而是每喝一杯酒就上两道菜，每上一次新菜就把前两道菜撤下去。《玉食批》上写得很清楚：

喝第一杯时，上花炊鹌子和荔枝白腰子。

喝第二杯时，换奶房签和三脆羹。

喝第三杯时，换羊舌签和肚签。

喝第四杯时，换肫掌签和鹌子羹。

……

喝到第十五杯，也就是最后一杯的时候，上蛤蜊生和血粉羹。

隔着千年的历史迷雾往回看，这些宋朝菜名真是稀奇古怪，我花了五年时间查了无数文献，才慢慢弄清楚它们都是些什么东西，不过现在不忙着说，将来再一个一个详细介绍。现在我想说的是宋朝皇帝喝酒很有特色，不像吃中餐，倒像吃西餐，而且很像吃法式西餐。

众所周知，法式西餐每桌都有服务员和助手提供服务，宋朝皇帝喝酒则有尚食和司膳提供服务；法式西餐每上一道菜都得撤掉前面的菜，宋朝皇帝喝酒则是每上两道菜就撤下前面的菜；法式西餐最讲究菜品和酒品相搭配，宋朝皇帝喝一杯酒换两个菜，酒品和菜品一样很搭配。你看这宋朝皇帝吃饭像不像吃西餐？

御膳无猪肉

话说宋太祖登基以后，嫌开封城小，打算扩建，吩咐宰相好好规划一下。宰相集思广益，殚精竭虑，熬了好几个晚上，比写书都费劲，终于把图纸画出来了：街道很宽，城门很高，内城的城墙横平竖直，像一个正方形；外城的城墙也是横平竖直，像一个更大的正方形。这张图纸交上去，太祖只瞄了一眼，就一把抓起朱笔，沿着城墙的边界一阵涂抹，将所有直线都改成了曲里拐弯的折线，远看像锯齿，近瞧像蚯蚓，要多难看有多难看。宰相彻底蒙圈了，搞不懂皇上为啥要这样做，只见太祖在图纸上写了四个字：“依此修筑。”就照我画的轮廓去筑城墙，一道弯都不能少，不许改动！

遵照太祖的意思，城墙筑好了，坚固归坚固，雄伟归雄伟，就是忒难看了——谁见过曲里拐弯的城墙啊？那可是开封城，是大宋首都，是全国的政治中心、经济中心和文化中心，城墙弯弯曲曲，就跟抽象派画家喝醉了以后乱涂出来的作品似的，丢人。不过，这毕竟是皇帝的作品，谁也不敢说个不字，只能在背地里发发牢骚。

后来太祖驾崩，太宗即位。再后来，太宗驾崩，真宗即位。真宗驾崩，仁宗即位。仁宗驾崩，英宗即位。等到英宗驾崩，北宋第六任皇帝宋神宗登台，实在忍不下去了。大家知道，神宗是改革派，不太看重祖宗家法，他想把太祖时代留下的丑城墙加以整修。但是，“鉴苑中牧豚及内作坊之事，卒不敢更”（岳珂《桯史》卷一《汴京故城》）。鉴于皇宫里有养猪和造兵器的老传统，最终没敢改建城墙。

原来，宋太祖曾经给后世子孙留下两条家法：第一，宫里要保留一个猪圈，用来养猪；第二，宫里要设置一个内作坊，用来造兵器。内作坊造兵器比较容易理解，肯定是为了让皇储受到军事的熏陶，避免他们将来变成不敢打仗的无能皇帝，但在宫里养猪是为了什么呢？难道是要把养肥的猪送到御厨宰杀？难道是想让皇储养成自己动手、丰衣足食的好习惯？又或许宋太祖天纵英才，提前一千年就认识到市面上的猪肉都有生长激素，不利于身体健康，所以只吃自家饲养的放心猪肉？

苏东坡的学生陈师道说：“御厨不登彘肉，太祖尝畜两彘，谓之神猪。熙宁初罢之。后有妖人登大庆殿，据鸱尾，既获，索彘血不得。始悟祖意，使复畜之，盖彘血解妖术云。”

御厨里不用猪肉做食材，但宋太祖仍然养了两头猪，并美其名曰“神猪”。这两头神猪可不是用来宰杀吃肉的，要一直养下去，养到老死，再养两头新猪。太祖死后，太宗接着养猪。太宗死后，真宗接着养猪。真宗死后，仁宗接着养猪。仁宗死后，英宗接着养猪。后来宋神宗即位，突然不养了，有一天，某个会法术的居心叵测之徒闯进大内，施展飞檐走壁神功，登上宫里最大最雄伟的正殿大庆殿（可容纳万人，是宋朝皇帝会集群臣召开最大型典礼的地方），御前侍卫无法近前。懂行的人献计道："快用猪血泼他，猪血可以破他的法术！"众人赶紧去杀猪取血，可是猪圈里已经没有猪了，宋神宗这才如梦方醒，体悟到了太祖皇帝要求在宫里养猪的真谛。

也就是说，宋太祖之所以养猪，并要求后世子孙也养猪，并不是为了吃放心肉，而是为了以防万一，用猪血破除妖人的法术。

上述说法靠谱吗？显然不靠谱。各位读者都是接受过唯物主义教育的，都知道这个世界上根本就不存在法术，用猪血破除法术纯属扯淡。不过，宋太祖并没有接受过唯物主义教育，兴许他相信这个，这也说不定。

依我看，宋太祖和此后的几任皇帝之所以一直在宫里养猪，很可能就像他们一直要求嫔妃在后宫空地上种菜一样，是重视农业的表现，是保持艰苦朴素传统的象征。

当然还有一种说法：宋太祖生于丁亥年，属猪，所以将猪当作自己的吉祥物，让子孙一直养下去。查《中国文化史年表》，女皇帝武则天因为信佛，曾经禁止老百姓屠宰及捕捞鱼虾；唐德宗李适因为姓李，曾经禁止臣下吃鲤鱼；明太祖朱元璋姓朱，"朱"与"猪"谐音，当长江里猪婆龙（扬子鳄）肆虐的时候，臣子害怕触犯他的忌讳，只敢说祸害长江的不是猪婆龙，而是大鼋；以"开明仁慈"著称的吴越国王钱镠生了一个瘸腿儿子，不让别人说"瘸"字以及跟这个字读音相近的字，于是杭州人将茄子说成"落苏"……专制统治者就是这样，凡是他们喜爱的东西，你也要跟着喜爱；凡是他们忌讳的东西，你也要跟着忌讳。

从宋朝宫廷食谱来看，极有可能由于宋太祖属猪，所以宋朝皇帝们不怎么吃猪肉，或者说完全不吃猪肉。

《宋会要辑稿·方域》中收录了一个清单，是宋神宗熙宁十年（公元1077年）皇宫大内消耗的食材数量，全年消耗羊肉四十多万斤，猪肉才四千多斤，两种肉类的比例是一百比一，可见大宋宫廷的饮食偏好。

有的读者可能会问："宋朝皇帝如果不吃猪肉，怎么还能消耗四千多斤猪肉呢？"因为宫廷厨师不只给皇帝一个人提供饭菜，还给参加宫廷宴会的文武百官提供饭菜，四十万斤羊肉的大半和四千斤猪肉的全部应该大多是被文武百官吃了，皇帝一个人哪里吃得了这么多啊！

御厨看人下菜碟

话说丐帮帮主洪七公中了西毒欧阳锋的暗算，功力尽失，生命垂危，对两个徒弟说："我只剩下一个心愿，趁着老叫化还有一口气在，你们去给我办了吧。"女徒弟黄蓉含泪道："师父请说。"洪七公道："我是想吃一碗大内御厨做的鸳鸯五珍脍。"老顽童在一旁说："我倒有个主意，咱们去把皇帝老儿的厨子揪出来，要他好好的做就是。"洪七公却连连摇头，说要想吃到正宗的鸳鸯五珍脍最好还是到皇宫里去。

我们且不管鸳鸯五珍脍究竟是什么样的美味佳肴，惹得洪七公如此惦念，今天先说说大内御厨。

"大内"自然是皇宫，"御厨"自然是皇宫里的厨房。宋朝皇宫里有很多厨房，到底哪个才是御厨呢？很简单，看招牌就行了。如果门口匾额上写着"堂厨"，那是给王公大臣做饭的厨房。如果写着"翰林司"，那是给翰林学士做饭的厨房。只有匾额上明明白白写着"御厨"两个字，那才是给皇帝做饭的地方。

没错，宋朝的御厨招牌就这么简单，上面不写"御膳房"，也不写"御厨房"，就只写"御厨"这两个字。

单看外观，御厨绝对不是皇宫里最大的厨房，但它一定是工作人员最多的厨房，因为仅厨师就有两百个，此外还有三十个择菜、配菜、挑水和打扫卫生的杂役，三十个往皇帝餐桌上端菜送饭的服务员，以及四个专门给皇帝搭配食谱的营养师，加起来总共是两百六十四位。这两百六十四名工作人员的主要职责就是侍候好皇帝的饮食，连皇后都没有资格让他们侍候，除非奉有特旨。那么皇后的饭菜由谁来做呢？跟宫里的其他嫔妃一样，得自己安排。当然，我说后宫嫔妃自己安排饮食，不是指她们亲自掂勺（山东吕剧《下陈州》："听说那老包要出京，忙坏了东宫和西宫，东宫娘娘烙大饼，西宫娘娘剥大葱……"那是戏曲，不是历史），而是说她们会安排手艺出众的太监和宫女来做，或者自己花钱从宫外雇厨子。后宫每月都有固定的工资（其实皇帝和太子也有固定工资），里面包含雇厨子的钱。

御厨不给后宫做饭，其实是后宫的福气，因为御厨里的厨子喜欢看人下菜碟，给皇帝烧菜很用心，给别人烧菜就免不了会偷工减料。宋朝皇帝大宴群臣，有时候会让御厨上阵，结果不是择菜择不干净，就是每份菜肴的分量太少，本来按照采购数量，与宴大臣吃几顿都吃不完，可是饭菜一上桌，几筷子就吃完了，"或至终宴之时，尚有欲炙之色"（《宋史》卷一百一十三《嘉礼四·宴飨》）。宴席结束了，肚子还是瘪的。

所以还是洪七公老爷子有经验，他一听老顽童周伯通要把皇帝老儿的厨子揪出来做鸳鸯五珍脍，就摇头说不行。为什么不行？怕偷工减料呗！

鸳鸯五珍脍

金庸在《射雕英雄传》里给北丐洪七公安排了一道很神奇的大菜"鸳鸯五珍脍"，这道菜在外面买不到，只有皇宫里才有，而皇宫里的御厨又不经常做，洪七公在御厨的梁上待了三个月，总共才吃到两回。后来他重伤待毙，没有别的心愿，就想再吃一回鸳鸯五珍脍，不然死不瞑目。

这么美味的鸳鸯五珍脍到底是怎么做的？我查遍宋人文献，找不到它的做法，连"鸳鸯五珍脍"这个菜名都没见到。我猜它又是金庸先生虚构出来的一道菜。

浙江舟山有个桃花岛，现在被开发成了景区，景区里有家馆子把金庸的虚构变成了现实，推出了实实在在的鸳鸯五珍脍。我有幸尝过，味道还行，但是没有想象的好，菜形也跟想象的不太一样。

那家馆子的鸳鸯五珍脍装在一个白瓷大条盘里，用鸳鸯形状的花色冷拼垫底，“鸳鸯”的脊背上挖了个洞，洞里安放烩好的肉。这道菜色彩绚丽，卖相不错，“鸳鸯”是有了，但“五珍”在哪里？“脍”又在哪里？我猜开发这道菜的人想用五种肉来表示五珍，具体哪五种肉，我没尝出来，也没好意思问。就算用了五种肉，它也不是“五珍脍”，而是“五珍烩”，因为“鸳鸯”背上的肉明显是“烩”出来的，而不是“脍”出来的。

鸳鸯五珍脍的“脍”字，指的是生肉片或者生肉丝。如果写成“鲙”，则指生鱼片或者生鱼丝。脍和鲙在宋朝都很常见，我们可以从宋朝食谱里已有的脍类菜肴来推想鸳鸯五珍脍的合理做法。

南宋前期，有个陷害过岳飞的将军叫张俊，在家大摆筵席款待宋高宗，让家厨做了几十种菜肴，其中有一道叫“五珍脍”，它源于唐朝的五生盘，用五种动物做成。哪五种动物？猪、牛、羊、鹿、熊。从这五种动物身上选取脂肪最少又最鲜嫩的部位，去掉皮骨，抽掉暗筋，滚水焯净，切成细丝，用椒盐、橙汁、米醋和芥末稍微拌一拌，把每束肉丝都摆成一个花瓣，最后在盘子里拼成梅花状。

我觉得鸳鸯五珍脍的做法应该跟五珍脍很像，先用素菜拼成鸳鸯图案垫底，再把加工处理好的五种生肉丝摆在上面就行了。

致语和口号

宋朝皇帝过生日，王公大臣必定要给他祝寿，祝寿之后必定要一起喝酒，喝酒的时候必定会有教坊司给大家表演节目，节目里必定少不了唱歌跳舞、弹奏乐器、玩魔术、演杂剧，同时也少不了向皇帝送上致语和口号。

致语容易理解，说穿了就是致辞，恭恭敬敬说一大堆吉祥话，祝皇帝“福如东海长流水，寿比南山不老松”。

口号不容易理解，它既不是革命口号，呼吁高举什么旗帜，团结什么队伍，发扬什么精神，坚决跟什么做斗争；也不是建设口号，发誓要创建什么和打造什么，它只是一堆像诗一样朗朗上口但又不需严守格律的口头韵文，简言之，就是顺口溜。

明朝有部《杜骗新书》，书中有个人叫陈全，“凡见一物，能速成口号”。陈全逛妓院，一脚踩到西瓜皮上，啪叽摔倒，妓女说：“快给我们编几句口号，赶紧的！”他张口就来：“陈全走得忙，院子安排定。只因两块皮，几丧我的命。”后来他带妓女游湖，看见一艘新船，妓女又让他给那艘船编几句口号，他照样张口就来：“新造船儿一只，当初拟采红莲，于今反作渡头船，来往千千万万。有钱接他上渡，无钱丢在一边。上湿下漏未曾干，隔岸郎君又唤。”像这样的表达，就是口号了。

去年我逛泰安庙会，在庙会上见到一个乞丐，见了谁都能说出一串顺口溜。譬如，他向商贩讨钱：“正在走，抬头看，老板开家大商店。大商店，生意好，一天能赚俩元宝。”一边唱，一边用两块铁片打拍子，现编现卖，非常敏捷。他这种顺口溜在北京叫“数来宝”，在我们豫东叫“巧坠子”，拿到宋朝则叫口号。

《武林旧事》卷二记载了教坊司演员献给宋孝宗的口号，宋孝宗刚喝完几杯酒，兴头刚上来，几个演员跑过去齐声向他献口号：

上圣天生自有真，千龄宝运纪休辰。

贯枢瑞彩昭璇象，满室红光袅翠麟。

黄阁清夷瑶荚晓，未央闲暇玉卮春。

箕畴五福咸敷敛，皇极躬持锡庶民。

我觉得这种口号太文雅，应该是事先请读书人写出来的，远远没有现编现卖的口号活泼有趣。要是让我给皇帝献口号，我会这样说：

赵官家，您大寿，今年刚满六十六，盼您再活五百年，百姓顿顿有鱼肉……

赵官家听了，应该会龙颜大悦，赏我几块零花钱吧？

宋太祖的生日宴会

宋太祖过生日，百官进宫给他祝寿，他开心地说："今天谁都不许走，朕请大家吃好喝好。"一听这话，主管御厨和光禄寺的官员慌了神，上奏道："皇上恕罪，您昨天没说要大宴群臣，我们还以为今天只留宰相和亲王吃饭，所以没有准备那么多饭菜。"宋太祖大手一挥："朕出钱，你们到外面馆子里买现成的！"

那边御厨的杂役出去采购，这边宋太祖已经等不及了，他是马上皇帝，不拘小节，让光禄寺摆好桌椅板凳，用大型炭盆把酒温上，吩咐大家开喝，他自己也用大杯灌了起来。

喝酒得有下酒菜，可是外面的饭菜还没有买回来，宋太祖问底下的太监："我们库房里有没有能下酒的东西？"太监说："只有水果和肉干。""快把水果拿出来，每张桌子上放一大盘，肉干也快点儿给我上！"于是大家一边喝酒，一边吃水果、啃肉干。

宋朝高档宴席向来有一个传统：刚开始喝酒的节奏非常慢，主宾同时举杯，每喝完一杯酒，服务员就要给他们换一道新菜，同时把餐桌上的旧菜撤下去，不管你有没有吃完。如果旁边还有乐队伴奏，演奏的曲子也要跟着喝酒的次序走，喝完一杯酒，就要换一支曲子。也就是说，喝酒、上菜、演奏，三件事要按同一个节拍进行，显得那么庄严肃穆。不过等到喝完六杯酒、九杯酒或者十五杯酒以后，就不用再遵循刚才的规则了，大家可以随便吃喝，自由交流，宾主尽欢而散。

宋太祖请百官参加他的生日宴，前九杯酒都很正式，每次都是他带头举杯，然后大臣跟着把酒杯端起来，与此同时，服务员跑过来撤旧菜、布新菜，教坊司的演员献上新节目，众人一边观赏节目，一边慢慢地把手里那杯酒呷完……

那天喝头两杯酒的时候，下酒菜都是水果。喝到第三杯酒，水果撤下，换成咸鱼和羊肉干。喝到第四杯，外面的饭菜买回来了，服务员问先上哪一道，宋太祖说："随其有以进！"你们看着办，有什么菜就上什么菜！

到后来，宋太祖这场不拘小节的生日宴居然成了祖宗家法，宋朝其他皇帝过生日，第一道菜和第二道菜通常是水果，第三道菜通常是肉干。

宋宁宗的生日宴会

南宋第四个皇帝宋宁宗过生日，岳飞的孙子岳珂去参加了。

岳珂说，那天凌晨，他和其他官员进宫拜寿。拜完寿，宋宁宗吩咐留饭，于是他们在礼仪官的引领下排班分队，亲王和宰相之类的高级大臣去正殿里就餐，中级官员去偏殿里就餐，低级官员去外面走廊里就餐。岳珂当时还是个低级官员，所以他只能去走廊里吃。

正因为在走廊里吃，所以岳珂有机会见到外面的布置。

他说他和同僚们刚刚在走廊里落座，就瞧见两个老兵走了过来，这两个老兵扛着一块黑底黄字的金字大木牌，绕着走廊巡场一圈，牌子上写着八个大字："辄、入、御、厨、流、三、千、里。"辄入御厨，意思是谁敢去御厨瞎溜达；流三千里，意思是当场判刑，押送到三千里以外的地方参加劳改。之所以会有这样的规定，完全是为饮食安全考虑。你想，那么多官员参加宴会，万一其中有个人被国外敌对势力收买，丧心病狂地跑到御厨投毒怎么办？所以必须禁止所有人进入御厨，掌勺的厨师和端饭的杂役除外。

严格说来，那天的御厨是流动御厨——从御厨到紫宸殿，步行要花小半个钟头，来回跑上几十回，能把端菜的人累垮。为了方便起见，有关部门在紫宸殿前面的空地上临时搭建炉灶，把厨具都搬过来，外面用帷幕一围，厨师们在里面烧菜，让服务员分别往正殿、偏殿和走廊里端。那块金字招牌上刻的禁令其实就是针对这个流动厨房，不让官员擅自掀开帷幕看稀罕。

宴席开始之前，走廊里每张餐桌上都放着两盘水果，那叫“看盘”，只能看，不能吃，图个喜庆。

宴席开始之后，岳珂他们一起举杯，这时候给他们端菜的服务员才捧着乌漆餐盘上前布菜。什么菜？现切的鱼生。与此同时，教坊司的演员开始跳舞，舞者站在紫宸殿正门外的台阶上，东、西、南三面用红漆栏杆围合，小官们坐在走廊里，一边喝酒一边欣赏舞蹈。

大家再喝第二杯酒，服务员给他们换上第二道菜：羊肉干。喝第三杯，换上一盆炖羊肉……

岳珂说，那天的饭菜不足为奇，盛菜的盘子却相当气派：盘子不大，用银子打造，底下垫了一个黄金托盘，上面罩了一个用玳瑁雕刻的盖子。餐具如此讲究，真不愧是皇家宴席。

皇家宴席不过如此

唐僧师徒西天取经，经历的磨难不少，吃过的国宴也不少，几乎每到一个国家，都会受到国王的款待。比如在朱紫国，国王是这么招待他们的：

“宝妆花彩艳，果品味香浓。斗糖龙缠列狮仙，饼锭拖炉摆凤侣。荤有猪羊鸡鹅鱼鸭般般肉，素有蔬肴笋芽木耳并蘑菇。几样香汤饼，数次透酥糖。滑软黄粱饭，清新菰米糊。色色粉汤香又辣，般般添换美还甜。君臣举盏方安席，名分品级慢传壶。”

这段描写很精彩，辞藻很华丽，好像宴席上摆满了山珍海味，我们普通人可能一辈子也尝不到。可是仔细一琢磨，“龙缠列狮仙”只是兽形的糖果，“拖炉摆凤侣”只是成摞的烧饼，“汤饼”是片儿汤，“黄粱”是小米，荤菜只有猪肉、羊肉、鸡肉、鹅肉、鱼肉和鸭肉，素菜只有竹笋、豆芽、木耳和蘑菇。很寻常，很家常，根本不像皇家宴席。

我原先以为《西游记》的作者出身贫寒，没见过世面，所以才把皇家宴席写得这么寒酸，后来看到宋朝的国宴，才知道皇家宴席有时候确实很寒酸。

《东京梦华录》卷九浓墨重彩地描述了北宋皇帝的寿宴，皇亲国戚、文武百官和外国使节全部到场，正殿和偏殿都坐满了人，场面很宏大，仪式很庄严，教坊司的艺人在丹陛之下吹拉弹唱并表演杂技，既隆重又热闹，可是给大家吃的那些饭菜却并不稀奇。

容我把北宋皇帝寿宴上的所有饭菜全部列举出来：索粉、水饭、干饭、肚羹、缕肉羹、爆肉、肉咸豉、群仙炙、炙金肠、炙子骨头、天花饼、白肉胡饼、莲花肉饼、排炊羊胡饼（独下）、馒头（双下）、驼峰角子、太平饆饠。不到二十种食物。

索粉就是米线；水饭是半发酵的酸浆米饭，类似日本料理中的醋饭；干饭是蒸米饭；肚羹就是羊肚汤；缕肉羹是肉丝汤；爆肉是爆炒羊肉；肉咸豉是腌羊肉；群仙炙是鹿肉和熊肉混烤；炙金肠是抹上蛋黄烤熟的羊肠；炙子骨头是先腌后烤的羊肋肉；天花饼、白肉胡饼、莲花肉饼和排炊羊胡饼都是馅饼；馒头是肉包子；驼峰角子是狭长形的包子；太平饆饠则是从波斯传到唐朝，又从唐朝流传到宋朝的胡食，听起来很神秘，其实只是一种做法独特的馅饼罢了。

双下和独下

今人研究宋朝食谱，必然会遇到两个术语：“双下”和“独下”。

《东京梦华录》描写北宋皇帝生日宴会，每喝一杯酒，就换一批主食和配菜，喝到第三杯时上了咸豉爆肉双下驼峰角子，喝到第八杯时换上假沙鱼独下馒头。

《武林旧事》写到宋高宗去大将张俊家做客，张俊大摆筵席，精心款待，为随从大臣准备的饭菜是“滴粥烧饼大碗百味羹糕儿馒头血羹烧羊头双下肚羹羊舌托胎羹双下……”

陆游《老学庵笔记》写到宋孝宗时期朝廷接待金国使臣，宴席上再次出现双下：“第一肉咸豉第二爆肉双下角子……”

什么是双下？什么是独下？这两个术语究竟有什么含义呢？有人认为双下是双馅儿，独下是独馅儿，双下驼峰角子是包了两种馅儿的长包子，独下馒头则是包了一种馅儿的圆包子。有人认为双下是两只手，独下即一只手，双下角子需要两只手捧着吃，独下馒头个头小，一只手拿着就行了。还有人认为双下是指两口吃完，独下是指一口吞下，因此双下角子是大蒸饺，独下馒头是小笼包。

我以前在书里也探讨过双下和独下，并非常武断地采用了第一种理解：双下就是两种馅儿，独下就是一种馅儿。最近我才发现，以上三种理解都错了，错在断错了标点，把“咸豉爆肉双下驼峰角子”断成“咸豉、爆肉、双下驼峰角子”，把“假沙鱼独下馒头”断成“假沙鱼、独下馒头”。事实上，最近三十年内出版的标点本《东京梦华录》和《武林旧事》，无论中华书局版还是上海古籍版，都是这样断句，都是一误再误。

正确的断句方式其实是这样的：“咸豉、爆肉（双下）、驼峰角子”，“假沙鱼（独下）、馒头”，“第一，肉咸豉；第二，爆肉（双下）、角子”。也就是说，双下和独下只是对前面食物的注释，标明这道食物应该上双份还是上单份，双下指的是上双份，独下指的是上单份。

掌握了这个要点，我们就可以读通宋朝其他食谱了。例如，《云麓漫钞》记载苏州府宴请金国使臣：“食十三盏，并双下。”意思就是每席配十三道菜，全上双份，让金国客人吃饱。

皇帝的筷子

楚汉相争，刘邦打不过项羽，有谋士为刘邦献计，劝他大封六国后人为诸侯，好让大家帮忙打项羽。刘邦认为靠谱，派这个谋士去办封侯的事。谋士还没出发，张良来了，听说要封侯，立即劝阻。

当时刘邦正在吃饭，张良从刘邦手里要了一根筷子，一边解释，一边用筷子比画，每说出一条不宜封侯的原因，就在食案上画一道。他总共说了八条，同时用筷子画了八道，等他画完这八道，刘邦完全懂了，骂道："竖儒几败而公事。"那个混蛋谋士差点坏了我的大事！

事实证明，张良是对的，假如刘邦真按谋士的建议去封侯，他很快就会被打败，历史上也就不会有后来的汉朝了。

张良用筷子做筹划这段故事在历史上很有名气，到了宋朝，王安石的门生写过一篇《借箸赋》，写的就是张良以及那根著名的筷子；后来韩世忠抗金立功，宋高宗通报表扬，表扬信里有一句"予深注意，日观前箸之筹；敌亦声闻，固已侧席而坐"，也是在借用张良那段故事，称赞韩世忠擅于谋划，不亚于张良。

但宋高宗只是嘴上夸夸，假如韩世忠真从他手里抽一根筷子来，他会龙颜大怒，给人家定一个大不敬的罪名，甚至有可能把韩世忠变成第二个岳飞。因为他跟刘邦不一样，刘邦成大事不拘小节，他却很看重日常礼仪那些小细节。绍兴十二年（公元 1142 年）他过生日，某大臣倒酒，转身时不小心，袍袖碰掉了他的筷子，他就把那个臣子贬到偏远州县当小官去了。

宋高宗晚年把皇位传给宋孝宗，自己做太上皇，经常让宋孝宗陪他吃饭。宋孝宗处处小心，不敢犯了他的圣讳。以用筷子为例，当宋孝宗已经吃饱，而他还在吃的时候，宋孝宗得把筷子横放到碗上，表示自己还没吃完，一会儿还得吃，否则会显得他这个太上皇比年轻人还能吃，成了饭桶。

并非每个皇帝都喜欢这样的规矩。到了明朝，明太祖朱元璋让臣子陪他吃饭，该臣子很快吃完，见皇帝还在吃，不敢放筷子，“横箸致恭”，把筷子架在碗上以示恭敬。朱元璋问他在干什么，他说这是礼节，结果把朱元璋惹怒了，当场判他充军。

我估计朱元璋是这么想的：老子农民出身，不懂这些臭讲究，你偏要讲究，这不是想把老子衬托成乡巴佬嘛！

公主的筷子

唐宣宗有十一个女儿，其中两个跟这篇文章有关，她们分别是永福公主和广德公主。

永福公主没有福，姐妹十一人，就她嫁不出去，因为她爹唐宣宗讨厌她，不让她出嫁，怕她嫁出去给娘家丢人。

唐宣宗说：“朕近与此女子会食，对朕辄匕箸，性情如是，岂可为士大夫妻？”朕，指唐宣宗；此女子，指永福公主；会食，指聚餐；匕箸，分别指勺子和筷子。唐宣宗的意思是说，我跟这个闺女同桌吃饭，发现她缺调少教，吃饭时不消停，老用勺子和筷子对我指指点点，一点规矩都不懂，这种公主怎么配做人家的媳妇呢？所以“乃更命琮尚广德公主”，本来给永福公主定了亲，又把亲事退了，让永福公主的未婚夫娶了自己的另一个女儿广德公主。

广德公主可比永福公主规矩多了，《新唐书》说她严守妇道，孝顺公婆，处处顺从丈夫，后来丈夫获罪，被流放到广东韶关，她马上跑到韶关去，跟丈夫一块儿受罪。这位广德公主如此严守礼法，自然不会像永福公主那样不懂礼貌，在餐桌上随随便便用筷子指着别人的鼻子。

下面再说说宋朝的一位公主：宋太宗的女儿荆国公主。

荆国公主从小养成严格的就餐习惯，“凡饮食，举匙必置箸，举箸必置匙，食已，则置匙、箸于案”。拿勺子的时候一定放下筷子，拿筷子的时候一定放下勺子，决不一手持勺一手持筷，双管齐下进行扫荡。吃完饭，她会把勺子和筷子整整齐齐摆到餐桌上，决不拿来指人，更不会把筷子插在还没吃完的米饭上，好像插在坟墓上的线香。

荆国公主认为一个人的吃相非常重要，既能看出家教，也能看出性格。她出嫁后，丈夫跟人喝酒，她躲在屏风后面观察，看客人怎么用筷子。假如用筷子不得其法，或者像前面永福公主那样拿筷子指人，她会悄悄告诉老公：这人没出息，以后别理他。老公照办，于是就有很多客人莫名其妙地被拉进了黑名单。

吃相重要吗？当然重要，当众舔碗，响亮地吧唧嘴，肆无忌惮地用筷子指着别人的鼻子，都会惹人厌烦。但是仅仅从吃相上判断一个人是否有出息，是很不靠谱的做法，因为每个人的生活习惯有所不同——很多外国人根本捏不住筷子，你能说人家没出息吗？

挑菜宴

二月初二是挑菜节，挑菜节那天，嫔妃们在宫里挖过野菜以后，还会再举办一个别开生面的挑菜宴。

挑菜宴上都摆什么菜？于史无考，推想起来，那些贵主挖的野菜应该占主角。茵陈、荠菜、茼蒿、旅葵、马齿苋、枸杞的嫩芽儿、蒲公英的嫩苗……大家挖到的各种野菜被贵主以及贵主的厨子（朝廷给每位嫔妃都配备一个内厨房和至少一个厨子）收拾成风味各异的菜肴和羹汤，一一端上餐桌，等着大家品尝。

挑菜宴的规格很高，皇帝和皇后会亲自参加，皇太子自然也要陪同，还有皇宫里那些有脸面的宫女、太监，都能恭逢其会。这么多人参加挑菜宴，主要目的并不是吃野菜，而是玩游戏。

挑菜宴上玩的游戏有点像有奖竞猜。事先准备一批丝绸，把丝绸剪成大小和形状都一样的长条，在每张长条上各写一种野菜的名字，然后卷起来，卷成大小和形状都一样的小筒，两头用红丝缠住，扔进一个大斗里。好了，现在斗里已经放了一大堆小筒，每个小筒里都隐藏着一个菜名，游戏就可以开始了。

游戏规则很简单：大家轮流从斗里取一个小筒，解开红丝，展开丝绸，看上面写的菜名跟皇帝筷子上夹的野菜是否一致。如果皇帝正夹荠菜，你拿到的小筒里隐藏的菜名也是“荠菜”，那你就中了大奖；如果皇帝夹的是马齿苋，而你拿到的菜名是“茼蒿”，那自然不能中奖。

很明显，在这种游戏里，中奖的概率完全取决于野菜的品类，野菜越多，中奖的概率越低，即使挑菜宴上只有四五种野菜，中奖的机会也只有四五分之一而已。但是只要中奖，回报会很丰厚，皇帝会赏赐金银珠宝或者名贵香料。

南宋宫廷每年举行挑菜宴，都是皇后先从斗里摸小筒，然后换太子摸，再后面换其他嫔妃和高等女官，这些人摸中了会得到赏赐，摸不中也不会有任何处罚。最后轮到宫女和太监摸小筒，不中奖可就要受罚了，要么罚你唱歌跳舞，要么罚你吟一首诗，既不会唱歌跳舞又不会吟诗，就得喝凉水吃生姜。鉴于中奖概率很低，所以宫女太监获赏金银珠宝、名贵香料的机会比较少，给大家表演节目的机会却比较多。

贵妃醉酒

京剧里有一出《贵妃醉酒》，唱的是杨玉环摆好酒宴，准备与唐明皇小酌，却被唐明皇放了鸽子，气得一个人喝闷酒，喝多了，一边发牢骚，一边发酒疯。我喜欢的京剧名旦史依弘老师唱的这一段，“人生在世……如春梦，且自开怀……饮几盅……”醉眼蒙眬，唱得很妩媚，很到位。

记得我小时候还看过一部越调《白奶奶醉酒》，剧情已经想不起来了，只记得一个白胖老太太开怀畅饮，先用小杯，再换大杯，最后用酒碗喝，喝得酩酊大醉，看人都是重影，一个人变成三个人。

现在酒风不振，男人的酒量每况愈下，女士喝酒更是矜持，要喝也是在酒吧里喝点洋酒，喝的是情调，跟酒瘾无关。可是在古代中国，女性饮酒就常见了，至少在唐宋元明四朝，很多已婚女士都喜欢喝上几杯。《贵妃醉酒》和《白奶奶醉酒》都是戏，不是历史，容我举出宋朝历史上的两个例子。

第一位女士是宋哲宗的皇后，姓孟，闺名失考，特爱喝酒。宋哲宗并不讨厌她喝酒，还允许她自己酿酒喝（宋朝后妃多擅酿酒，北宋张温成皇后、郑皇后和刘明达皇后酿的酒天下闻名），只是有一回她喝酒太多，发了酒疯，乱打宫女，惹怒了哲宗，被打入冷宫。后来北宋灭亡，孟皇后跟着皇室南渡，新即位的宋高宗尊称她“太母”，每月还让人送给她万贯零花钱和上百斤好酒。她薨逝以后，高宗对臣子说：“太母恭慎，于所不当得，分毫不以干朝廷。性喜饮，朕以越酒烈，不可饮，令别酝，太母宁持钱往沽，未尝肯直取也！”（《宋会要辑稿》后妃二之三）意思是夸孟皇后很守本分，从来不乱花朝廷的钱，她喜欢喝绍兴酒，我告诉她绍兴酒度数太高，不要再喝了，让人给她酿造别的酒，她过意不去，自己掏钱去外面买酒喝。

饮酒的宋朝女子。摘自王弘力著:《古代风俗百图》，辽宁美术出版社 2006 年 2 月第 1 版。

还有一位是宋高宗的母亲韦太后。韦太后曾经被金兵俘虏到北国将近二十年，绍兴十二年（公元 1142 年）宋金议和，宋高宗与她母子相见，痛哭流涕，问她喜欢什么，她说好久没喝家乡酒了，宋高宗当即命令“临安府每月供奉皇太后法酒一石五斗，法糯酒一石”（《宋会要辑稿》后妃二之九）。每月供奉佳酿二十五斗，肯定够她老人家喝了。

第十章

怎样在宋朝开饭店

正店和脚店

据《东京梦华录》记载，北宋开封酒店林立，多得数不过来，其中七十二家属于“正店”，别的全都被叫作“脚店”。

什么是正店？什么是脚店？正店跟脚店有什么区别？东北学者伊永文校注《东京梦华录》，给出过这样的解释：正店即“市店”，脚店就是“小零卖酒店的俗称”（参见伊永文《东京梦华录笺注》，中华书局2006年8月第1版，第184—185页）。

事实上，正店不等于市店（市店这个解释很奇怪，很难让人理解），脚店也不等于小零卖酒店。《清明上河图》上画有两家酒店，一家孙羊正店，一家十千脚店，前者两层楼带后院，后者也是两层楼，带了一个更大的后院。很明显，正店未必比脚店大，脚店也未必就是小零卖酒店。

正店跟脚店当然有区别，其真实的区别不在于大小，而在于酒水的进货渠道。大家知道，宋朝跟很多朝代一样搞酒水专卖，但它的专卖政策比较特殊，特别是在北宋开封，朝廷为了便于征税，抓大放小，准许某些酒店自己造酒，前提是它们酿酒用的酒曲必须从官方购买，像这些可以买曲造酒的酒店，就是《东京梦华录》里说的正店。

能造酒的酒店只占极少数，大部分酒店不能造，造了违法，但它们开门营业总得有酒，怎么办？宋朝政府让这些酒店从国营酒厂买酒，或者从那些可以造酒的正店买酒。从国营酒厂买酒的酒店叫作“拍户”，从正店买酒的酒店就是脚店。东京国营酒厂不发达（大酒厂主要分布在地方州县），拍户少，脚店多，所以《东京梦华录》眉毛胡子一把抓，不管拍户还是脚店，一概算入脚店范畴。

东京七十二家正店，樊楼最大，这家酒店原是矾业协会自办的民营酒店，后来被朝廷收归国营，再让民间竞价承包，谁能给朝廷贡献最高的利税，谁就能当樊楼的掌柜。宋仁宗天圣年间，樊楼承包商经营不善，朝廷想换新的承包商，又怕大家不积极“买扑”，所以给出优惠政策，让京城里三千家脚店都去樊楼买酒（参见《宋会要辑稿》食货二十《酒曲杂录》）。但是这并不表明三千家脚店从此都成了樊楼的分店或者加盟店，只表明它们从樊楼那里买酒而已。

官库和拍户

宋朝疆域很小，财政收入很高，其中相当一部分收入来自酒水专卖。

宋仁宗皇祐年间，朝廷平均每年从酒这一项可以得到一千四百九十八万贯的收入（参见《宋史》卷一百八十五），我不知道当时全部的财政收入有多少，但我知道宋真宗刚即位的时候，全国一年的财政收入只有两千两百二十四万贯而已（参见《宋史》卷一百七十九）。

从财政角度看，宋朝的酒水专卖非常成功，成功的秘诀可以归结为四个字：抓大放小。

抓大放小之一：抓住酒曲，放开酒水。只要你从政府这儿购买酒曲，那么就允许你酿酒，允许你销售。酒曲比酒水容易监管，单看哪家正店买了多少酒曲，就知道它酿了多少酒，就能判断出它的营业额有多大，每年该缴多少利税。

抓大放小之二：抓住正店，放开脚店。正店少，容易管；脚店多，不容易查，所以朝廷不许脚店酿酒，让脚店成为正店的经销商。假如脚店敢私自酿酒，正店一定会主动举报（因为损失了正店的经济利益），这等于以店制店，让商人监督商人，省了朝廷很多事儿。

抓大放小之三：抓住官库，放开拍户。所谓官库，就是官办的酒厂和贮酒的仓库。为了完成朝廷下发的收入指标，大多数官库同时开有酒店，所以官库在南宋成了官办酒店的代名词。所谓拍户，就是从官库里采购酒水的饭馆。朝廷给官库定了指标，规定它们每年必须卖掉多少酒，上缴多少利税，官库再把这些指标分解给拍户，根据拍户往年销酒的能力，规定它们每年必须从官库采购多少酒。要是采购量完不成，就取消拍户的营业资格，或者罚拍户的钱。拍户要是敢私自酿酒，那就更不用说了，官库拥有执法权，还有执法队，可以直接上门查封，抄拍户的家。

抓大放小之四：抓住经营用酒，放开民间自用。想管住全国人民都不酿酒，既不合理，也不可能，于是朝廷“开恩”，民间办红白喜事，过大型节日，准许酿一点待客，但原则上不许拿出来卖。我以前写过一篇《禁酒引发的血案》，说秦桧的弟弟秦棣做地方官时，听说某村百姓私自酿酒出售，当即派兵抓捕，村民拒捕，被他处死了三个，你就想想私自酿酒出售的后果有多严重吧！

加盟和自立门户

宋朝饭店有大有小，最大的饭店是东京汴梁的樊楼。樊楼不是一座楼，是五座楼联在一起，每座楼都有三层，每层的高度超过十米，所以加起来三十多米，是当时开封最高的酒楼，位于皇宫东边，站在楼上向西望去，可以看见皇宫里的宫女在荡秋千。

新中国成立后重建的樊楼，位于开封宋都御街北段。

樊楼底层是大堂，全是散座，供普通顾客就餐，二楼和三楼是包间，当时叫“阁子”，供有钱的顾客使用。

樊楼刚开始是私人开的酒店，后来被北宋朝廷收购，变成了国营。这家国营酒店跟现在的国营酒店有所不同，它不是政府雇一个总经理来经营，厨师、服务员和保安同属于一套班子，而是像大商场一样，分别租给很多个商家来承包。譬如说一层大厅租给张三,二层包间租给李四,三层包间租给王二，张三、李四和王二每年都得向政府交一笔承包费。

所以如果大家想在宋朝开一家豪华饭店，最好向朝廷申请承包樊楼五座楼中的其中一座，要是钱不够，也可以只承包其中一层。

在樊楼承包饭店有几个好处：一是不用装修，政府已经替你装修好了；二是不用采购酒水，因为樊楼有酿酒权，还可以直接向国营酒厂买酒；三是不用花钱打广告，因为樊楼的名气非常大，顾客的认知度非常高。

不过正是因为樊楼的名气太大，所以申请承包的商家特别多，竞争很激烈，朝廷每隔几年都要让大家竞价投标（北宋称之为“买扑”“实封投状”），谁出的承包费高就让谁经营。假如你为了竞标成功而使劲报价，搞不好最后会赔掉老本。

到了宋仁宗在位的时候，樊楼已经成了一家大型酒店兼酿酒作坊，最多时竟然有三千家脚店经销它的酒水（参见《宋会要辑稿》食货二十《酒曲杂录》）。开脚店的成本比较低，用不着向正店交加盟费，只需要经销正店供应的酒水，相当于跟正店签约的经销商。

如果你不想受约束，不愿加盟任何一家酒店，当然也可以自立门户。在宋朝自立门户开饭店的流程跟现在差不多，都要租好房子，装修一新，还要雇厨师、伙计，并在政府那里注册。现在注册酒店得去工商局，在宋朝注册酒店得去“商税院”，机构名称不同，但职能应该差不多。

宋朝的民间组织很发达，商业协会特别多，干每一行都得加入那一行的协会，开饭店也一样。东京汴梁和南宋临安都有酒行和食饭行，酒行是卖酒行业的协会，凡是开酒坊的、开酒店的都要加入，挑担子卖酒的小贩也得加入；食饭行是卖饭行业的协会，凡是摆早点摊的、在夜市上卖小吃的、开饭店的，包括武大郎那样走街串巷卖炊饼的，都得加入。我建议你同时加入这两个行业协会，这样可以给你带来很多便利：刚开始开饭店不懂规矩，行业协会里的“行老”会手把手地教你；政府出台什么新的饮食政策，行业协会也会及时向你转达。

饭店装修指南

怎样装修饭店也是有讲究的。

宋朝大小饭店门口都有明显的标志，小酒馆外面挂着长布条，像一杆青旗随风摇摆，旗帜上绣着酒馆的名字、酒水的品牌，或者只写一个大大的“酒”字，甚至连酒旗都不要，只在店门口挂一只酒瓶和一把扫帚。大饭店门口则要扎设彩色的欢门，欢门前面还要摆放一些拒马杈子，也就是可以移动的组合式栏杆。

欢门其实就是彩色门楼，用竹子和铁丝做骨架，扎出特定的造型，中间留出门洞，供客人出入，再往骨架上缠绕彩带，点缀鲜花，怎么喜庆怎么热闹就怎么装扮。拒马杈子是人字形的，每两根木头一组，交叉拴成人字，中间用一根长长的横杆穿起来。这种栏杆比较高，摆在路边，防止街上乱窜的马车不小心驶到店门口，冲撞了进店消费的顾客。到了夜间打烊，再喊上两个伙计，把这些人字形栏杆拆成一组一组的，抬到店里去，免得妨碍行人。

欢门是彩色的，主打两种颜色：红色和绿色。这两种颜色很鲜明很喜庆，搭配起来非常惹眼。拒马杈子也是彩色的，也主打红色和绿色，搭配起来也非常惹眼。当然，你也可以选择其他颜色，只要别用黄色就行。按理说，黄色更加醒目，为什么不能用？因为它是皇家专用色，除非获得特许，连达官显贵都不能用，而开饭店的生意人就更不能用了。

现在饭店门口喜欢挂红灯笼，特别是春节期间和中秋节期间，几乎每家酒店都要挂。在宋朝你可千万注意，红灯笼可以挂，但是要切记三点：

第一，灯笼的形状比较特别，现在的灯笼像南瓜，宋朝饭店外面张挂的灯笼则像栀子果，上头宽，下头尖，长又圆，倒卵形，中间鼓出六条棱，造型独特，线条分明，时称“栀子灯”。

《清明上河图》上某正店门口悬挂的栀子灯。

第二，为了彰显高贵的气质，栀子灯最好用玻璃烧造，而不要用铁丝作骨、轻纱围护，因为玻璃灯既通透明亮，又非常气派（玻璃器皿在宋朝属于奢侈品），你一溜儿挂上四只，足以秒杀所有竞争对手。

第三，灯笼上面千万不要加盖子，如果一家酒店外面挂了几只栀子灯，灯笼上面又罩着一层竹编圆盖，就等于向顾客暗示：本店提供色情服务。

服务员比厨师更重要

不管在哪个朝代开饭店，厨师的手艺都很重要。但在宋朝饭店里，还有一种人比厨师更重要，那就是服务员。

宋朝饭店里虽有菜谱，但是每天店里有什么菜，没什么菜，主推什么特色菜，全得靠服务员记住。只记住还不够，还得有眼力，看见什么客人报什么菜，感觉客人有钱而且大方，你就专报燕鲍翅和佛跳墙，不然他会嫌你店里寒酸；看见客人穿着寻常衣物还带着女朋友，你就专报好吃又实惠的菜，你报贵菜他点不起，会在女朋友跟前丢面子，下回他就不想再来了。

宋朝的服务员其实不是报菜，而是唱菜：菜名全是唱出来的。《东京梦华录》里有原话："行菜得之，近局次立，从头唱念，报与局内。"记下客人点了哪些菜，走到离厨房近的位置，一道菜一道菜高声唱出来，既让客人听清楚有没有报错，同时又给厨师下了单，让厨师赶紧把那些菜做出来。

为什么非唱不可呢？因为平平常常说话不像用唱腔表达吸引顾客。从语速上讲，唱比说要慢，这样报菜的时候可以给顾客一个反应时间，菜报完了，客人也想明白要点什么菜了。从音高上讲，唱比说要响亮，把客人点的菜一一唱出来，客人能听清有无错漏，同时后厨里那些掂勺的和切墩的厨师也能马上得知需要给客人准备哪些东西，而不必让服务员再捧着记得密密麻麻的小本子跑到后厨再报一遍。

当然，唱肯定比说要难得多，记性必须出奇地好，不然既记不住店里那几百样菜名，也不可能在短时间内立马记住客人都点了哪些菜；嗓子必须出奇地好，如果是一副公鸭嗓子或者破锣嗓子，唱出来能把客人吓跑；头脑也必须出奇地机敏，不然怎么在转瞬间就能把报给客人的菜以及客人所点的菜组合成舒缓悠扬的曲子呢？有时候我甚至觉得，那些在宋朝酒楼里做得出彩的服务员大概都是声律大师，或是填词高手。

跟宋朝这些伙计相比，今天的服务员简直不堪一提。客人问有什么菜，她们得翻菜谱；客人点完了菜，她们跑到后厨又回来了："对不起先生，您要的这个菜今天没有。"你还想让她们唱着报菜名？做梦！

不过话说回来，现在服务员整体水平差，首先是酒店老板的错，老板们愿意用年薪几十万雇厨子，不愿意用年薪几万雇服务员，服务员每月只领那点工钱，当然不愿意花气力提高业务水平了。

再仔细想想，其实这也不是老板的错，而是时代的错——现代人心太浮躁，无论菜市场还是大酒店，都在复制嘈杂的噪声，而无心酝酿舒缓的乐音。

看菜吊胃口

宋朝宴席上还有几道只能看不能吃的菜，时称"看菜"，又叫"看盘"，有时候还叫"看食"。当过膳部视察的大诗人陆游说过，南宋皇帝在集英殿宴请金国使臣，每张餐桌上各摆四道看食：枣糕、髓饼、胡饼、环饼。髓饼是用羊骨髓做的馅饼，胡饼就是烧饼，环饼则是麻花。把枣糕、馅饼、烧饼、麻花分别装进四个大盘子，一层一层往上摞，底下铺宽一些，越往上越窄，摞成金字塔的样式，就成了四道看食。正式开宴以前，这些看食会一直摆在席上，开宴后新菜陆续端上来，才把它们撤下去，而在撤下去之前，金国使臣再饿也不能吃，不然会很失礼。

《东京梦华录》描述北宋皇帝办寿宴，文武百官和各国使臣来贺喜，殿上殿下几百张餐桌，没开宴的时候，每张餐桌上各摆几道看盘，也是用烧饼、麻花和枣糕之类的食物摞成金字塔。再给辽国使臣单独开一桌，桌上用煮熟的猪肉、羊肉、鸡肉、鹅肉和兔肉摆成五道看盘。由于熟肉很软，不能摞塔，所以先用丝绳拴成束，再一束一束摆到盘子里。这些看盘同样不能吃，谁吃谁丢人。

根据南宋遗老灌圃耐得翁的回忆，南宋杭州凡是像样的饭店和酒馆都有一条行规：顾客上门，刚一落座，还没等点菜，服务员马上把几碟看菜摆到桌上，这几道菜也是只能看不能吃，跟宫廷里开宴之前先上看盘的习惯完全一样。有学者说，这是因为宋朝的饭店没有菜谱，把看菜端出来是让顾客明白本店都有哪些拿手菜。其实不然，宋人笔记《都城纪胜》明明写着："若欲索供，逐店自有单子牌面。"《梦粱录》亦云："酒家亦自有食牌，从便点供。"意思是饭店和酒馆都有菜谱，你想点菜，让伙计把菜谱拿过来就行了。由此可见，看菜并不是为了代替菜谱而出现的。

那么宋朝宴席上为什么要先上看菜呢？前面说过，民国汉口的木雕压轴菜是宴席结束才上，用来充门面，而宋朝宴席上的看菜则在开宴之前就摆上去，这样做主要是为了装饰餐桌和活跃气氛，以免正式上菜之前出现冷场。同时我坚信这些看菜还有吊人胃口的作用——只能看，不能吃，先让你流一阵口水，待会儿能吃的菜端上桌，你一定吃得很香！

扑卖

宋朝有个穷书生，姓名失考，姑且叫他小明吧。小明住在城郊，家里很穷，为了挣钱换米，他在自家小院里种了两畦韭菜，每天早起割一小捆，拎到城里卖掉，居然也能养家糊口。

现在菜贩子卖菜，都是先定一个价钱，譬如说两块钱一斤，你要五斤，收你十块，你要两斤，收你四块，假如要得多，价钱优惠，一块五一斤，批发价卖给你。小明不这样卖，他的韭菜没有价，你想买菜，得跟他赌一场，赌赢了，一文钱能买下所有韭菜，要是赌输，不但买不到韭菜，还得倒贴一文钱给他。

现在我是小明，你是买菜的，你来到我的菜摊前面，问我韭菜多少钱一斤，

宋朝小贩用扑卖方式销售物品。摘自王弘力著:《古代风俗百图》,辽宁美术出版社 2006 年 2 月第 1 版。

我会说:“客官,我的菜可没有价钱,一文钱一斤也可以卖,一文钱十斤也可以卖,关键看您的手气怎么样。”然后我拿出一枚铜钱,请你掷一掷,铜钱落在地上,没字的那一面朝上算赢,带字的那一面朝上算输,赢了就把菜拿走,输了还可以再掷,但是不管输赢,你每掷一次都得交给我一文钱。你一算输赢账,成功率 50%,从概率上讲,平均每掷两次就能赢一次,等于花两文钱就能买一捆韭菜,太划算了,于是开始掷。连掷五十把,始终是带字那一面朝上,气得拂袖而去。而我呢,一斤韭菜没卖,却凭空赚了五十文。当然也有这样的可能:你掷第一把就赢了,开开心心抱着韭菜扬长而去,而我却只能对着一文钱伤心落泪。不过这样的结局并不容易出现,因为我那枚铜钱是特制的,没字的一面总会先落地,专门用来欺骗你这样爱碰运气占小便宜的买主。

这样的销售方式在宋朝叫作“扑卖”,它在宋朝市场上非常流行,连挑着担子走街串巷卖卤肉卖散酒的小贩都会拿出铜钱让买家碰碰运气。如果你认为卖家在铜钱上出千的欺骗性太明显,还有抽签、抓阄、掷骰子、扔飞镖甚至剪刀石头布等赌法,不过对买家来说,这些赌法的胜算同样不高,要不然卖家早赔得血本无归了。

我举一个典型的例子:南宋有个人听见门外小贩扑卖柑橘,想碰碰运气,结果连输了十贯钱都没有买到一个柑橘,他气愤地说:“坏了十千,而一柑不得到口!”(《夷坚志补》卷八《李将仕》)

买扑

佛陀住世的时候，拍卖在印度很流行。一个印度人死了，假如没有子女，他的财产会被政府公开拍卖。拍卖的过程跟今天很像：把物品归置好，编上号，按照编号依次竞拍，拍卖师先喊出底价，让竞拍人从底价往上加，直到没人出价，拍卖师敲一下小槌，表示成交（参见《毗尼母经》卷三）。

后来佛教传到中国，拍卖之风也随之传入。唐朝百丈怀海禅师编写《百丈清规》，明确规定亡僧遗物要按唱卖的方式来分配。所谓唱卖，其实就是拍卖，只不过在拍卖之前先要唱一段偈颂，念一段经咒，让竞拍人观想一下世事变幻、万法无常的自然法则。

宋朝佛教兴盛（宋徽宗时崇道贬佛，是个例外），宋朝政府极有可能从佛门获得了灵感，两宋朝廷一直用拍卖的方式出售国营资产或者国营资产的经营权，以此来避免资产流失，保证公平竞争。不过宋朝政府做了一些变通，把拍卖搞得不像拍卖，更像招投标。

举例言之，宋仁宗在位时，感觉国营企业年年亏损，于是派人对全国各地的国营酒厂和国营酒店进行普查，分别估出底价，在州县衙门贴出告示，让大家竞价购买或竞价承包。有购买或承包意向的人要去衙门报名申请，交一笔保证金，领到一张表，填上姓名、住址、保人、保金以及愿意支付的价位，填完封到一个桑皮纸大信封里，往衙门口那个铁箱子里一扔，就可以回家等通知了。两三个月以后，州县长官把所有竞价人召集到一块儿，在大家的监督下打开铁箱，拆开信封，取出每个人的竞价表，依次拆开，大声念出来，谁出的价最高，谁就拥有购买权或者承包权。

宋朝政府把上述竞价方式叫作“买扑”，又叫“请射”，还叫“实封投状”。三种叫法的意义完全相同，其中实封投状最形象，最容易被我们现代人理解，而买扑和请射就有些难懂了。容我来解释一下：在唐宋两朝，“扑”和

“射”都有猜谜的意思，鉴于宋朝竞拍人不是当场喊价，而是把出价封到信封里、投进暗箱里，不到最后一刻，谁都不知道其他人出价几何，谁都不知道自己能不能胜出，就像猜谜一样，所以当时会把上述竞价方式称为买扑，称为请射。

共生关系

外地朋友到了开封，我一般都要尽一尽地主之谊：请他们吃地摊。

我一说吃地摊，讲究生活品质的读者可能就会笑了。地摊多脏啊，怎么能在那里请客？

我喜欢吃地摊，主要是因为地摊更随意、更热闹、更亲民，想抽烟就抽烟，想划拳就划拳，想光膀子就光膀子，都不会有人拦着。此外地摊还有一大优势：你随便找家地摊落座，就能吃遍周围所有的地摊。

比如说我们几个朋友去地摊上吃羊霜肠，每人一份，不过瘾，可以隔着桌子去喊东边的摊主：“老板，来两碗豆汁儿！”完了再喊西边的摊主：“给这边烤四个腰子！”要是嫌地摊上的生啤掺水太多，就去对面超市扛一箱过来，摊主只能干瞪眼没办法。如果是在饭店，就不能这么做了，很多饭店门口都写着：“外菜莫入，谢绝自带酒水。”

相比之下，还是宋朝的饭店更有人情味。宋朝的饭店能不能自带酒水我不知道，但我知道一定可以叫外菜，甚至都不用你叫，就有很多小贩直接进店给你推荐各种小吃。

且听听南宋遗老周密是怎么说的：在临安各大酒楼的包间里用餐，只要不吩咐店小二挡驾，就会遇到一拨又一拨的小贩，有人进来卖鹿肉，有人进来卖鲍鱼，有人进来卖螃蟹，有人进来卖羊蹄，都是熟的，上桌就能下酒。酒过三巡，还有小贩进来卖醒酒药，什么杏仁、半夏、橄榄、薄荷，应有尽有。

《醒世恒言》第三十一卷《郑节使立功神臂弓》里也有这样的场景：一帮员外正在喝酒，一个小贩挎着篮子进来，叉手唱三个“喏”，从篮子里取出砧板和刀具，切了一盘牛肉，送到酒桌上，然后几个员外给了他一些赏钱。

今天开饭馆的老板可能会觉得小贩进店卖吃的简直就是虎口夺食，是可忍，孰不可忍，但是宋朝人把这当成一种共生关系：饭店给小贩提供了营业场所，小贩给饭店带来了风味小吃。当然，最占便宜的还是我们顾客啦！

四司六局

《舌尖上的中国》热播，欧阳广业走红。

欧阳广业，顺德名厨，在《舌尖上的中国》出镜，解说词称其为“村宴厨师”，顾名思义，就是带着全套炊具去乡间包办宴席的厨师。

我们豫东平原也有这样的厨师，而且很多，每个村庄都会有一两个，他们会在其他村民的红白宴席上大显身手，宴席完了得到一笔报酬和乡亲的赞赏。不过他们的头衔并非“村宴厨师”，而是一种让外地人听起来很别扭的称呼——局长。

这个局长当然有别于公安局长和财政局长，“局”在这里的读音跟盐焗鸡的“焗”相同，以至于不明就里的民俗学家误以为豫东村宴厨师之所以被称作局长，是因为他们擅长把菜焗熟。其实大谬不然。

局长本是宋朝人对宴席承办者的敬称。我们知道，宋朝是一个市民社会，商业很发达，社会分工很细，干什么行业的都有，其中有一个行业就类似于今天的村宴厨师，负责给人承办宴席。这个行业下面又细分成果子局、蜜饯局、菜蔬局、油烛局、香药局、排办局等，其中果子局专门承办宴席上的果盘，蜜饯局专门承办宴席上的甜点，菜蔬局专门承办荤素大菜，油烛局专管照明和取暖，香药局专管收拾香炉和提供醒酒药，排办局则专管插花、挂画以及擦桌子抹板凳等清洁和装饰工作。以上六局各有负责人，其负责人就是局长。

除了这六局，宋朝还有四司：厨司、茶酒司、帐设司、台盘司。厨司承办后厨配菜与烹调事宜，茶酒司专管请客和送客，帐设司专管搭棚子、搬屏风、铺地毯、摆桌椅，台盘司专管端盘子端碗。

据我考证，四司六局这一套系统原本是隋炀帝的发明，最初只给皇家提供服务，到了唐朝，尾大不掉的节度使们在衣食起居上模仿起皇帝，皇帝有四司六局，他们也要有。平民意识浓厚的宋朝则更进一步，四司六局不仅是宫廷和豪门的常设机构，同时也从依附关系中脱离出来，独立成一个个劳务组织，开始为所有人提供服务，前提是服务对象掏得起钱。

说到这儿，我想起那句为人们所熟知的诗："旧时王谢堂前燕，飞入寻常百姓家。"四司六局这群燕子是在宋朝飞入寻常百姓家的，飞到现在，就只剩下村宴厨师这一只燕子了。

去茶楼喝酱汤

南宋的茶馆很多，临安城极盛时期，茶馆三四百家，招牌比较响亮的，诸如清乐茶坊、八仙茶坊、珠子茶坊、潘家茶坊、连二茶坊、连三茶坊，都是两三层的大茶楼，底层大通铺，上层小包间，墙上张挂着名人字画，门前竖着拴马的桩子，路边横着拦马的杈子，顾客络绎不绝。

大茶楼不仅卖茶，还卖唱。去茶楼消费的顾客也不只是为了喝茶，还为了消遣。还有人把茶楼当成办公场所，就像现在自由撰稿人把咖啡馆当成可以免费上网的工作室一样。据南宋遗老灌圃耐得翁描述，大茶楼鱼龙混杂，有票友在那里蹭戏，有艺人在那里说书，有媒人在那里说媒，有中介在那里推销，有各行买卖人在那里聚会，不时还有唱曲的、卖花的、卖小吃的走上楼去，找有钱的顾客招揽生意。

现在除了广东和四川的老茶馆，各地茶楼都已经成了高消费场所，喝一壶茶，听一段戏，看看杂耍一样的茶艺表演，没几百块出不来。南宋的茶楼比较平民化，市井小贩花点小钱可以进去坐一天，还能叫一碗豉汤充充饥。

宋朝茶馆里的说书人。摘自王弘力著：《古代风俗百图》，辽宁美术出版社 2006 年 2 月第 1 版。

南宋惯例，到了冬天，各大茶楼都要兼卖豉汤。什么是豉汤？就是用豆豉配上其他食材煮的酱汤。宋朝人做豆豉，少用黄豆，主要用黑豆。黑豆炒脆，搓掉外皮，用水泡软，摊开暴晒，晒到半干，送到小黑屋里堆起来，压得紧实，用蓖麻叶子或者大荷叶盖严，多盖几层，压两块青砖，过上七八天，翻开瞧一瞧，如果黑豆外面长出一层黄衣，就再摊开暴晒，之后再用温水洗去黄衣，拌上食盐、菜油、川椒、胡椒、姜末等作料，装入瓷坛密封保存。做豉汤的时候，取出一些豆豉，捣碎，搁滚水锅里煮一煮，再放入砂仁、良姜、橘皮、葱末、花椒、茴香、木耳、笋片、蘑菇、马齿苋或者猪羊肉，临起锅，再放一些豆豉提鲜。说到这儿，喜欢日本料理的朋友应该会联想到味噌汤。没错，南宋茶楼里卖的豉汤就类似于味噌汤。

宋朝人看重豆豉，就像日本人看重味噌，无论是煮汤炒菜，还是炖鸡蒸鱼，豆豉都是最佳伴侣。宋朝御宴上常见一道“肉咸豉”，其实就是用豆豉汤煮熟的羊肉，煮到汤汁收完，羊肉烂熟，比用其他任何调料煮的羊肉都要鲜美。

附　录

宋朝饮食简明词集

凡　例

一、本词集共收词目一百七十三条，全是与宋朝饮食有关的基本概念，涵盖主食、副食、酒类、冷饮、筵席、餐饮业、饮食器具、饮食习俗等方面。

二、本词集所收词目与本书有关，是本书正文中出现的饮食术语。

三、由于词目很少，不再单列索引。

四、为方便读者检阅，全部词目按音序排列。

正　文

按酒 (ànjiǔ)：又作“案酒”，即下酒菜。

爊鸭 (āoyā)：北宋时中原方言称小火慢炖为“爊”，爊鸭即炖鸭。

包子 (bāo・zi)：宋朝的包子类似今天的菜包，将肉馅儿或素馅儿用菜叶裹起来，上笼蒸熟。

鲍鱼 (bàoyú)：即牡蛎，不同于今日之鲍鱼。

北食 (běishí)：北宋时淮河以北特别是京城一带的饮食，以诸色面食及猪羊肉为主流。

北食店 (běishídiàn)：专营北食的饭店，如北宋时东京樊楼前李四家，南宋时临安后市街卖酥贺家，都是典型的北食店。

饆饠（bìluó）：又作“毕罗”，一种馅饼，长方形或椭圆形，原为中亚食品，唐朝时传入中国，是长安城里极常见的小吃，至宋朝已式微，仅在宫廷宴席上可以见到。

拨鱼儿（bōyúér）：一种面食。把面糊放到大勺子里，再用一只小勺子沿着边缘往滚水锅里拨，拨出来大头小尾巴的小面片，状如小鲫鱼，煮熟后捞出，过水凉拌。目前这道面食在北方仍然流行。

晡时（būshí）：古人吃晚饭的时间，一般在下午三点至五点。

菜园子（càiyuán・zi）：管理和侍弄菜园的雇工，《水浒传》里母夜叉孙二娘的丈夫张青在开饭店之前就是做这种工作。

插山（chāshān）：一种餐具。层层叠叠，状如假山，宴客时用于摆放菜碟，使桌上菜肴分出层次，增加摆桌立体感。

插食（chāshí）：宋朝人装饰食物的一种方式，用铁丝或竹木为骨，用丝绸和鲜花点缀，扎出假山、走兽、神仙等造型，将主食和各种小点心挂上去，由宾客自由取食。

茶坊（cháfáng）：宋朝人对茶馆的称呼。据《都城纪胜》记载，南宋茶馆分为挂牌茶坊、市头茶坊、水茶坊等类，挂牌茶坊主要做票友的生意；市头茶坊主要做各行业协会的生意；水茶坊则藏污纳垢，兼营性产业。

澄沙团子（chéngshātuán・zi）：南宋临安元宵节食品，即豆沙馅儿的汤圆。

豉汤（chǐtāng）：用豆豉做酱料，加上其他食材共同熬制的汤，类似现代日本的味噌汤。

重阳糕（chóngyánggāo）：用米粉做成，点以红色，顶插小旗，是南宋人过重阳节时亲友之间相互馈送的喜庆食品。

川饭（chuānfàn）：一种四川风味的食品。四川人在京师经商与做官的很多，他们吃不惯北方饮食，所以东京与临安均有专营川食与川菜的饭店出现，人称“川饭店”“川饭分茶”。

从食（cóngshí）：从食不是副食品，而是主食，如包子、馒头、水饺、馄饨、馅饼之类，均为从食。北宋东京有专门出售主食的小饭馆，称为“从食店”。

打横（dǎhéng）：众人聚餐，首席的对面即是打横，又叫“打横相陪”，在宋朝，凡打横者必居末座。

大羹（dàgēng）：用于祭祀的白煮肉汤，不加食盐和其他任何调料。

单子牌面（dān · zipáimiàn）：宋朝饭店里的菜谱，又叫“食牌”。

滴酥鲍螺（dīsūbàoluó）：一种象形点心。用奶油做成，状如牡蛎。

点茶（diǎnchá）：将茶砖碾成粉末，用滚水冲泡，边冲泡边搅动，使茶粉与滚水充分混合，变成一碗浓稠的奶状茶汤。点茶是宋朝人喝茶的主要方式。

点心（diǎn · xin）：该词在宋朝有两种含义，作名词讲时，特指早晚两顿正餐以外所吃的任何食物；作动词讲时（读作 diǎnxīn），指正餐之外用食物来充饥。

兜子（dōu · zi）：一种象形食品。近似现在的烧卖，但比烧卖要大，用粉皮或米皮铺底，裹上馅儿，不封口，状如头盔。而兜子本是宋人对头盔的俗称。

斗茶（dòuchá）：流行于茶人之间的游戏，参加者各带茶饼和茶具进行比赛，以茶汤洁白、茶香醇厚、茶面久久不散为胜。

都亭驿（dūtíngyì）：宋朝最大的驿馆，位于京师，主要用来招待外宾，宋朝帝王常在那里宴请外国使臣。

法酒（fǎjiǔ）：按照宫廷配方酿造的黄酒。

法糯酒（fǎnuòjiǔ）：按照宫廷配方酿造的甜酒酿。

樊楼（Fánlóu）：宋朝最大的酒店与饮食集团，总店位于皇宫东南，原名“矾楼”“白矾楼”，北宋后期更名为“樊楼”，北宋末年又更名为“丰乐楼”。

泛索（fànsuǒ）：皇帝在正餐之外让御厨和内侍供应的食物。

分茶（fēnchá）：该词在宋朝也有两种含义，作动词讲时是指茶艺表演，表演者点好茶以后，用勺子或其他工具在茶汤上迅速划出印痕，使之呈现出某种稍瞬即逝的图像。作名词讲时，则指小饭馆，类似现代人所说的茶餐厅。

鳆鱼（fùyú）：宋朝人把鲍鱼叫作鳆鱼。

甘草汤（gāncǎotāng）：一种冷饮。甘草煮汤，然后冰镇。

肝签（gānqiān）：一种象形食品。用猪肝、羊肝和猪网油做成，肝脏焯水、切丝，用猪网油卷成小筒，挂糊炸熟。

阁子（gé · zi）：又叫"阁儿"，是宋朝人对酒店包间的俗称。《水浒传》里鲁达待客，拣了一个"齐楚阁儿"。齐楚即整齐漂亮之意，齐楚阁儿就是指整齐漂亮的豪华包间。

公厨（gōngchú）：宋朝各级行政机关设立的伙房和小食堂。据《宋会要辑稿》记载，官员在公厨吃饭有两种定例：一是吃多少打多少，无须买票；二是朝廷每月发放饮食补贴，让官员购买。

供饼（gòngbǐng）：用来祭祀祖先和神灵的大馒头。

馉饳（gǔduò）：一种宋朝的主食，方面皮包肉馅儿，叠压成花骨朵造型，近似今天的大馄饨。

榾柮（gǔduò）：读音与馉饳相同，但它不是食物，而是燃料，指的是丫丫叉叉的干树枝。陆游《雪夜》："榾柮烧残地炉冷，喔咿声断天窗明。"

行老（hánglǎo）：行业协会的会长。

红绿杈子（hónglǜ chā · zi）：宋朝酒馆与饭店门口摆放的栏杆，分成三面，围护正门，栏杆被漆成红绿两色。

胡饼（húbǐng）：原为中亚食品，隋唐时代传入中国，早先近似新疆馕，晚唐时演变出烤馅饼、芝麻烧饼等种类，宋朝的胡饼主要指芝麻烧饼。

琥珀饧（hǔpòxíng）：一种常见的糖果。用麦芽糖制成，熬糖，绞丝，手蘸凉水，团成球形，半透明，有细纹，状如琥珀。

欢门（huānmén）：宋朝大酒馆与大饭店门口扎设的彩色门楼。

欢喜团（huānxǐtuán）：一种甜食小点心。源于古印度，随佛教传入中国，炒米花配饴糖，团成球状即可。

环饼（huánbǐng）：油炸食品，南北朝时原为面包圈，至隋唐变为寒具，在宋朝演化成麻花和馓子。

会食（huìshí）：即聚餐，如《杨文公谈苑》："时张去华任转运使，巡视河上，方会食，坐客数十人，脍鲤为馔。"

馄饨（hún · tun）：宋朝的馄饨用圆形面皮包馅儿，包成半月形，即今天的饺子。

集英殿（Jíyīngdiàn）：北宋宫殿名，位于皇宫西南，紧邻最大的宫殿大庆殿，殿内可容万人，是北宋皇帝看戏、策试进士和大宴群臣的主要场所。南宋也有集英殿，但规模偏小。

家鹿（jiālù）：据张师正《倦游杂录》，宋时岭南居民爱吃田鼠，称名为"家鹿"。

夹子（jiā · zi）：将莲藕或茄子等块状蔬菜切成连刀片，内灌肉馅儿或各种素馅儿，外面挂浆，入油炸熟或煎熟。

假鼋鱼（jiǎyuányú）：宋朝素食店里出售的仿荤食品，用蘑菇、粉皮和木耳制成。

假炙鸭（jiǎzhìyā）：宋朝素食店里出售的仿荤食品，用豆腐皮制成。

建盏（jiànzhǎn）：建窑烧造的小茶碗，厚胎，黑釉，为宋人斗茶的首选。建盏黑釉中如透出均匀细脉，则称"兔毫盏"，是宋时最上乘的茶碗。

江鱼兜子（jiāngyú dōu · zi）：用粉皮和鱼肉裹成的头盔状烧卖。

焦馌（jiāoduī）：类似今天的糖葫芦，用原糖或枣泥和面，搓成圆球，油炸之后，串以竹签。又名"油骨馌"。

胶枣（jiāozǎo）：产自山东的大枣，运至京师者均为干枣。

脚店（jiǎodiàn）：没有酿酒资格，只能从正店购买酒水然后销售的酒店。

角子（jiǎo · zi）：发音与饺子相同，但并非饺子，而是一种狭长形的包子，两头有两个角，故此得名。

芥辣瓜儿（jièlà guāér）：用芥末酱腌制的黄瓜。

经瓶（jīngpíng）：又叫“梅瓶”，大腹小口，整体呈狭长形，容量在一千毫升以上，是宋朝最常见的酒瓶。

京笋（jīngsǔn）：北宋人将莴苣称为京笋。

酒鳖（jiǔbiē）：宋朝人对小酒壶的俗称，细嘴，环饼，有盖，壶身扁平如鳖，故此得名。又叫“酒注子”。

酒筹（jiǔchóu）：又名“令筹”，古人宴席上用于计数和行令的酒具，用竹木或金属制成，上面刻字，十几支到几十支为一套。

酒行（jiǔháng）：南宋临安有酒行，即卖酒者的行业协会。另据叶梦得《避暑录话》：“酒行既终，纸亦书尽。”主宾互相敬酒也称“酒行”，但此时酒行应读为酒（jiǔ）行（xíng）。

九射格（jiǔshègé）：欧阳修发明的一种酒具，行令时使用，包括一个木盘和一支飞镖，木盘上均匀分出八个格（加上圆心为九格），每个格里绘一种动物。行令时，规定用飞镖射中某种动物可以免饮，射中其他动物则须罚酒。

酒注子（jiǔzhù · zi）：同“酒鳖”条。

酒樽（jiǔzūn）：即酒桶。宋朝酒樽多为木樽和瓷樽，由于木樽易朽，今天出土的全是瓷樽。

局内（júnèi）：北宋时餐饮业术语，指饭店里的后厨。

拒马杈子（jùmǎ chā · zi）：每两根木头为一组，绑成 X 形，多组排列，上架横杆，用于隔阻车流，防止伤人，相当于今天的隔离墩。如北宋东京宫城以南的御道两边允许商贩摆摊经营，其摊位靠近主道的地方即由官方摆放拒马杈子。而两宋都城大型酒店临近街道的地方也摆放拒马杈子。

决明兜子（juémíng dōu · zi）：宋人将鲍鱼称为“鳆鱼”，又称为“决明”（不同于中药决明子），因此决明兜子指用鲍鱼做的头盔状烧卖。

看菜（kàncài）：在饭店就餐，落座以后，点菜之前，伙计会端出几盘看家菜摆在餐桌上，直到后厨将客人所点的菜肴做好以后才撤下去，这些菜只能欣赏，不能品尝，故称“看菜”。

蝌蚪粉（kēdǒufěn）：宋朝的一种象形食品。将面糊倒入甑里，用手一压，稀面糊从甑底小窟窿里漏下去，啪嗒啪嗒掉入滚水锅。由于甑底的窟窿是圆的，漏下去的面糊也是圆的，又因为它们漏下去的时候受到一些阻力，藕断丝连、拖泥带水，所以每一小团面糊都拖着一条小尾巴，状如蝌蚪，所以叫“蝌蚪粉”。蝌蚪粉与拨鱼儿形状近似，做法略有不同。

渴水（kěshuǐ）：一种冷饮。近似今天的果胶，饮用时须用冰水化开。

口号（kǒuhào）：宋朝皇帝大宴或出巡时，教坊司演员多向其称念口号，即寓意吉祥、祝福和赞颂的顺口溜，类似后世的数来宝。

辣脚子（làjiǎo · zi）：腌制的芥菜疙瘩。

蓝尾酒（lánwěijiǔ）：唐宋节庆时敬给老人的酒，得名于古人敬酒习俗。平日敬酒，先长后幼，表示敬老，可是到了春节和其他重大节日聚餐，敬酒的次序却要反过来，因为老人每过完一个节日，就离死亡更近了一步，所以先让年轻人喝，最后才向老年人敬酒，以免引起他们的悲伤。换句话说，老年人只能喝剩酒。唐宋俗语把剩酒剩饭叫作“婪尾”，剩酒就是婪尾酒，后来讹传为蓝尾酒。

梨条（lítiáo）：用梨子加工成的一种蜜饯，梨子去掉皮核，将果肉切条，拌以香药，晒干即成。

荔枝白腰子（lìzhī báiyāo · zi）：爆炒腰花，因腰花已切花刀，受热后卷曲如球，表皮有颗粒凸起，状如荔枝壳而得名。

凉浆（liángjiāng）：一种冷饮。米汁稍微发酵，加以冰镇即成。

凉水荔枝膏（liángshuǐ lìzhīgāo）：宋朝的冷饮。用乌梅熬成果胶，再把果胶融入冰水，味道颇似荔枝。

燎子（liáo · zi）：宋朝的烧水用具。金属制成，三根支架，上有铁圈。

临水斫鲙（línshuǐzhuókuài）：北宋时东京习俗，流行于每年三月，市民带着钓具和刀具去城西金明池垂钓，并在岸边制作鱼生，用以下酒。

笼饼（lóngbǐng）：不同于蒸饼，蒸饼即馒头，笼饼有馅儿，应为包子。

镂鍮装花盘架车（lòutōu zhuānghuā pánjiàchē）：宋朝小贩叫卖零食，为吸引顾客，把食物装在镂刻着各种花纹并用黄铜镶嵌的小型售货车上，这种售货车即是镂鍮装花盘架车。

鹿脯（lùfǔ）：鹿肉干。

买扑（mǎipū）：宋朝时将国营企业和国营农场发包给民间承包人的一种方式，类似招投标。承包人将承包年限和上缴利税写出来，封入信封，投入政府指定的箱子，到期后，官方开箱唱价，报价最高者获得承包权。王安石变法时，将经营不善的国营酒厂与国营饭店承包给个人，曾广泛采用这种发包方式。

麦饭（màifàn）：小麦泡软，捣去硬壳，上笼蒸熟，拌菜同吃。现在河南濮阳称之为“麦仁饭”。

馒头（mán · tou）：宋朝所说馒头是有馅儿的，面皮上还有褶，相当于现在的包子。

茅鳝（máoshàn）：宋朝岭南人爱吃蚯蚓，将蚯蚓称为“茅鳝”。

奶房签（nǎifángqiān）：用羊乳房做的象形食品。羊乳房治净，煮熟，切丝，用猪网油卷裹成筒，炸熟或煎熟。宋朝缺羊，对羊下水充分利用，其中奶房更受重视，如奶房签、奶房旋鲊、奶房玉蕊羹，均在宫廷宴席上出现。

南番玻璃器（nánfān bō · liqì）：南宋时与欧洲、非洲进行远洋贸易，东南亚是主要中转站，时称东南亚为“南番”，南番玻璃器就是通过东南亚从欧洲进口的玻璃器皿。宋朝也有国产玻璃，但是杂质偏多、透明度不高，成品造型也不如进口货精巧，因此南番玻璃器颇受推崇。

南食（nánshí）：主要指江南菜系，与北食和川饭并列为宋朝三大菜系。

牛羊司（niúyángsī）：宫廷机构，隶属光禄寺，主要负责向御厨和各级公厨供应牛羊和生猪。由于宋朝缺羊，该机构在北宋时曾先后向契丹、西夏和金国采购羔羊，派军兵在京畿放牧，最多时每年牧羊三万三千只，专设“牧羊群头”“巡羊使臣”“巡羊员僚”“估羊节级”等官职进行管理。而牛羊司下还设有“宰杀务”，专为御厨宰杀牛羊。

拍户（pāihù）：从国营酒厂采购酒水的小酒馆。

千金菜（qiānjīncài）：五代十国及北宋时对莴苣的别称。

琼液酒（qióngyèjiǔ）：用黍子酿造的清酒。

劝杯（quànbēi）：古人敬酒时用的酒杯，有柄，有托盘。

劝盏（quànzhǎn）：同上，但无柄。

肉咸豉（ròuxiánchǐ）：宋朝宫廷食品，是用豉汤炖煮的羊肉。

肉油饼（ròuyóubǐng）：一种烧饼。内有馅儿，一般用猪油和羊骨髓做馅儿。

乳饼（rǔbǐng）：即奶豆腐。

乳糖圆子（rǔtáng yuán · zi）：汤圆的一种，用糖霜做馅儿。

软羊（ruǎnyáng）：先炖后蒸的羊肉，软烂无比，故称“软羊”。

软羊面（ruǎnyángmiàn）：又叫“软羊水滑面”，即羊肉烩面。

筛酒（shāijiǔ）：古时自酿酒未经过滤，内有酒糟和漂浮物，斟酒前需要滤净。筛酒本指滤酒，后来词义延伸，凡用酒壶斟酒，无论是否过滤，都称为“筛酒”。换言之，筛酒就是倒酒的意思。

膳工（shàngōng）：御厨里的厨师。

膳徒（shàntú）：御厨里的杂工。

尚食（shàngshí）：专职替皇帝尝菜的宫女。

食饭行（shífànháng）：南宋临安有食饭行，是当地餐饮业自发成立的行业协会。

食屏（shípíng）：一种餐具。用于大型筵席，状如屏风，比屏风小得多，摆在菜碟之间，可以把荤、素、冷、热等不同类别的食品分隔开。

柿膏（shìgāo）：一种常见的蜜饯。用柿子熬成的果胶，不同于今天的柿饼。

事件（shìjiàn）：宋朝人将所有可食动物的下水均称为“事件”，如驴事件即驴下水，羊事件即羊下水。

兽糖（shòutáng）：象形糖果，将糖浆倒入现成的模子，冷却后取出，有狮、虎、狗、豹等多种造型。

熟水（shúshuǐ）：用沉香、木香、甘草等香料熬制的药汤。

刷牙铺（shuāyápù）：出售牙刷的商店。

刷牙子（shuāyá · zi）：宋朝人对牙刷的俗称。

水滑面（shuǐhuámiàn）：据《吴氏中馈录》“水滑面”条，“面和好，逐块抽拽，拽得阔薄乃好”。由此可知，水滑面就是现代人说的烩面。

水晶脍（shuǐjīngkuài）：用品质优良的皮冻切成的薄片。将猪皮、鱼皮或猪蹄放在锅里炖煮，使蛋白质析出，冷却后捞出皮渣，再添水炖煮，反复过滤，得到相对洁净的胶液，冷凝成块，片成生鱼片一样的薄片，用作料调制。

水木瓜（shuǐmùguā）：一种冷饮。将木瓜削皮去瓤，将果肉切成小方块，用冰水浸泡即成。

司膳（sīshàn）：专职为皇帝布菜倒酒的宫女。

四司六局（sìsīliùjú）：原是隋炀帝创设的一套服务系统，专为皇室提供饮食服务；唐朝时走出皇宫，成为达官显贵的附庸；宋朝时逐渐民营化，各大城市均有，面向全社会提供有偿服务，主要在红白喜事上大显身手。“四司”包括厨司、茶酒司、帐设司、台盘司，其中厨司承办后厨配菜与烹调事宜，茶酒司专管请客和送客，帐设司专管搭棚子、搬屏风、铺地毯、摆桌椅，台盘司专管端盘子端碗。“六局”包括果子局、蜜饯局、菜蔬局、油烛局、香药局、排办局，其中果子局承办宴席上的果盘，蜜饯局承办宴席上的甜点，菜蔬局承办荤素大菜，油烛局专管照明和取暖，香药局专管收拾香炉和提供醒酒药，排办局则负责插花、挂画以及擦桌子抹板凳等清洁和装饰工作。

送酒（sòngjiǔ）：向客人敬酒，客人推辞，主人想方设法使其喝下，即是送酒。送酒方式多样，包括派歌姬劝酒，或者吟诗填词，或者讲一笑话，都是宋朝人送酒的常用手段。

送客汤（sòngkètāng）：用甘草、砂仁加上竹叶、莲子、薄荷、杏仁、蜂蜜、金银花等配料熬成的药汤，是南宋人送客时最流行的饮品。

素食分茶（sùshí fēnchá）：专售素食的小饭馆。

酸馅儿（suānxiàner）：用半发酵馅料包成的长包子。

算条子（suàntiáo · zi）：一种象形食品。用牛羊肉或猪肉做成，状如算筹，故名“算条子”，简称“条子”。

索饼（suǒbǐng）：即面条。

索粉（suǒfěn）：即米线。

索供（suǒgòng）：指客人在饭店里点菜，又叫“点供”。

太学馒头（tàixué mántóu）：盛行于两宋都城的一种包子，得名于北宋中后期（据说太学伙食极佳，食堂里的包子驰名天下，连宋神宗吃了都赞赏），北宋末年成为一种街头名吃。

汤瓶（tāngpíng）：烧水的铁壶，短柄，细嘴，通常用于点茶。

糖饼（tángbǐng）：一种面食。用蜂蜜、红糖、麦芽糖、菜籽油和猪油将面粉和匀，擀成薄饼，反复叠压，切成方块，上笼蒸熟即成。

堂厨（tángchú）：公厨的一种，是朝廷专给宰相和参知政事等高官设的小伙房。

糖瓜蒌（tángguālóu）：一种蜜饯。瓜蒌成熟后，刮净硬皮，掏空种子，果肉切块，用蜂蜜和原糖腌制。

糖霜（tángshuāng）：宋朝人不会提炼白糖，糖霜是熬制糖浆时自然形成的白色结晶。

挑菜（tiāocài）：指挖野菜。

挑菜宴（tiāocàiyàn）：每年二月初二那天，嫔妃们举行的宴会，席上有各种野菜。

投壶（tóuhú）：非常古老的酒令，宋朝时仍然盛行，至明清开始淡出酒席。投壶须有特制的双耳壶以及一捆专用的箭，将壶固定在地板上或者大梁上，往壶里投箭，投中为胜。宋人投壶有很多游戏规则：可以单手投箭，也可以双手投箭；可以一次投一支箭，也可以一次投好几支；可以投入壶口，也可以投入壶耳。投法不同，计分标准也不一样，但一般都要在所有参加者投完以后统计筹码，筹码多者胜出，可以命令其他宾客喝酒。

外来托卖（wàilái tuōmài）：北宋饭店允许小贩进去向顾客推销各种小吃，时称“外来托卖”。

倭螺（wōluó）：北宋诗人对日本鲍鱼的简称。

洗手蟹（xǐshǒuxiè）：宋朝流行的一道凉拌螃蟹。将蟹治净，剁碎，铲到盆里，用调料匀，直接生吃。之所以叫洗手蟹，是因为这样做蟹非常快捷，不用蒸煮，不用油炸，这边客人刚洗完手，那边主人就把一盘生蟹端到客人面前了。

乡饮（xiāngyǐn）：宋朝读书人在通过解试以后和进京省试以前，地方官有义务请他们吃饭，这顿饭叫作“乡饮”。

相国寺庙会（xiàngguósì miàohuì）：北宋后期，相国寺每月初一、初五、初十、十五和二十五都要举行一次庙会，商人可以租赁寺庙里的空地和空房来摆摊，出售服饰、宠物、古玩、字画和食物，且有江湖艺人说书和表演杂技。

蟹黄馒头（xièhuáng mán · tou）：即蟹黄汤包。

蟹酿橙（xièniàngchéng）：把橙子挖空，酿入蟹肉，蒸熟即成。

行菜（xíngcài）：北宋时餐饮业术语，指服务员把后厨做好的菜肴端到顾客的餐桌上，现在叫“走菜”。

行酒（xíngjiǔ）：指主人依次向所有客人敬酒，敬满一轮称为“一行”，又叫“一巡”。

玄酒（xuánjiǔ）：古人祭祀时用的清水。

旋切（xuánqiē）：指小吃摊上现切现卖。“旋”读第二声，在这里不是指刀法，而是迅速、快捷的意思。

旋鲊（xuánzhǎ）：小吃摊上现做现卖的榨菜。“鲊”原指腌制后又榨去水分的腌鱼，宋朝时代指所有榨菜。

牙香（yáxiāng）：用各种名贵香料制造的牙膏。

牙香筹（yáxiāngchóu）：用牙香制成的牙刷，刷牙时无须牙膏。

燕射（yànshè）：“燕”通“宴”，燕射就是在举行酒宴的时候比赛射箭，射中者赏酒或者免饮。

羊羔酒（yánggāojiǔ）：一种名贵美酒，米酒发酵时加入烂熟的羊羔肉，用羊肉的油脂和蛋白质来调和酒的涩味。

羊头签（yángtóuqiān）：用羊头肉和猪网油做的网油卷。

仰尘（yǎngchén）：一种简易的天花板。先用高粱秆编出骨架，上面再盖一张大竹席，把这东西架到头顶上，可以挡住从空而降的尘土，防止它们落到碗里。

药木瓜（yàomùguā）：一种冷饮。用木瓜和香料腌制而成。

蝤蛑（yóumóu）：梭子蟹。

御茶床（yùcháchuáng）：宋朝皇帝的小餐桌，主要在大型宴会时使用。茶床原指茶几。

玉蜂儿（yùfēngér）：剥好的莲子，因状如蜜蜂幼虫而得名。

枣圈（zǎoquān）：一种蜜饯。红枣去核横切，切成薄薄的小圈，饭后用蜂蜜和红糖腌制。

蘸甲（zhànjiǎ）：唐宋诗词里频繁出现的一个词语，指斟酒过满，酒水溢出，端起酒杯时会浸湿指甲。

獐羓（zhāngbā）：用獐肉做的肉干。

朝时（zhāoshí）：古人吃早饭的时间，一般指上午七点至九点。

蒸饼（zhēngbǐng）：即馒头，宋朝中后期为避宋仁宗赵祯的讳，改叫“炊饼”。

正店（zhèngdiàn）：经朝廷特许，从国营曲院购买酒曲自酿酒水并进行批发零售的酒店。

栀子灯（zhī · zidēng）：宋朝酒店门口悬挂的灯笼，狭长形，上宽下窄，中有六棱，状如栀子果。

止箸（zhǐzhù）：出现于南宋的一种餐具，木制，上刻两个半月，进餐间隙可以安放筷子，防止筷子头触及餐桌，现在叫“筷枕”。

炙鸡（zhìjī）：烤鸡。

中馈（zhōngkuì）：古人称在家做饭为中馈，有时也代指家庭主妇。

诸色龙缠（zhūsè lóngchán）：一种象形糖果，用麦芽糖制成。将麦芽糖熬成糖浆，一边熬一边搅动，停火后继续搅，直到搅出长长的糖丝。然后手蘸凉水，迅速将糖丝缠绕成龙凤造型。

图书在版编目 (CIP) 数据

吃一场有趣的宋朝宴席 / 李开周著 .—北京：中国法制出版社，2019.4
（2024.9重印）
（李开周说宋史）
ISBN 978-7-5216-0044-5

Ⅰ.①吃… Ⅱ.①李… Ⅲ.①宴会—文化史—中国—宋代
Ⅳ.① TS971

中国版本图书馆 CIP 数据核字（2019）第 040393 号

策划编辑：胡　艺 (ngaihu@gmail.com)
责任编辑：胡　艺　周熔希　　封面设计：汪要军

吃一场有趣的宋朝宴席
CHI YI CHANG YOUQU DE SONGCHAO YANXI
著者 / 李开周
经销 / 新华书店
印刷 / 三河市国英印务有限公司
开本 / 710 毫米 ×1000 毫米　16 开　　印张 / 15　字数 / 208 千
版次 / 2019 年 4 月第 1 版　　2024 年 9 月第 18 次印刷

中国法制出版社出版
书号 ISBN 978-7-5216-0044-5　　定价：42.80 元

值班电话：010-66026508
北京西单横二条 2 号　邮政编码 100031　　传真：010-66031119
网址：http://www.zgfzs.com　　**编辑部电话：010-66054911**
市场营销部电话：010-66033393　　**邮购部电话：010-66033288**
（如有印装质量问题，请与本社印务部联系调换。电话：010-66032926）